First steps in physics for enjoying how nature works

物理の第一歩

自然のしくみを楽しむために

兵頭俊夫 監修

Thermodynamics

熱力学

吉田 英生 著

共立出版

「物理の第一歩
―自然のしくみを楽しむために―」
刊行に寄せて

　「自然のしくみを楽しむために」という副題を付けた本シリーズ「物理の第一歩」の基本的なコンセプトは，「基本法則の理解から自然のしくみが見えてくる」です．

　自然科学の中で物理学がもっている使命は，すべての自然現象に通じる基本的な法則を求めることです．物理学以外の科学・技術の分野では，物理法則に加えて，その分野に特徴的な経験則も使いながら，現在の物理学では扱わない範囲まで踏み込んで研究を進めます．例えば，化学は物質の多様性とその変化についての探究を幅広く担い，生命科学は生命現象の探究を幅広く担い，工学の諸分野は生活を豊かにするための工夫を幅広く担っています．自然現象は複雑ですから，その解明にはこのように多くの分野の協力が必要なのです．

　物理学は上に述べたような役割の故に，自らを制限している面があります．しかし，その制限はすべてに共通の法則を求めることに由来しますから，狭いようで実は広大です．大事なことは，現在の物理法則のみではまだ解明が難しい現象の中でさえ，すでに確立されている物理の基本法則は必ず成り立っていることです．そのため，物理学はすべての科学や技術を理解する基礎となっており，他の科学や工学の応用においてそれを無視すると，開発に時間がかかったり，手痛い失敗に陥ったりすることになりかねません．身のまわりのいわゆる日常現象においても，物理の基礎に基づいた理解を求めることで，見通しのきく説明ができ，適切な応用も可能になります．

　時折，物理法則は単純すぎて現実世界では成り立っていないのではないかという意見を耳にすることがあります．応用例が示される際，単純化や理想化した条件を課すことが多いため，このような印象があるのかもしれません．しかし，例題や演習では，計算を通して概念をより詳しく理解するために条件が単

純化されているに過ぎません．物理法則は常に正しく，自然現象であれ，人工物の機能であれ，対象物についての十分な情報があれば，物理法則だけで説明できる現象が現実世界には数多くあります．

　本シリーズは，大学初年級の物理学コースの教科書や自習用に使われることを期待していますが，一般に，物理をよりよく理解したい方々，仕事上のニーズから物理学の基礎を学び直したいと欲する方々にとっても役に立つものになることも目指しています．そのために，各巻の最初の書き出し部分の敷居を低くするよう，著者にお願いしました．また，正しい内容をできるだけわかりやすく記述することに多大な力を注いでいただきました．体系的で丁寧な記述によって，きちんと積み上げて学習すれば物理は難しくないことがご理解いただけると思います．

　本シリーズを読後も保存いただいて，将来，基本法則や論理の流れに疑問がわいたときに，再度開いて利用していただければ望外の喜びです．

東京大学名誉教授

兵頭俊夫

まえがき

物理の第一歩『熱力学』の冒頭に，物理学の巨人アインシュタイン (Albert Einstein, 1879–1955) の次の言葉をまず引用したい[1].

> 「理論というのは，その前提が単純であればあるほど，より強い印象を与え，より多くのことに関係し，その応用性がより拡張されうる．それゆえに，古典的な熱力学は私をこれほどまでに圧倒するのだ．古典的な熱力学は，その基礎概念が応用される枠組みの中であれば，決して打ち侵されることのない普遍性を有する唯一の物理の理論であると，私は確信している.」

また，同じような趣旨ではあるが，物理化学の教科書でも有名なアトキンス (Peter Atkins, 1940–) は，もう少し親しみやすく具体的に表現している[2].

> 「宇宙を記述する何百もの法則の中に，一握りの並外れたものが潜んでいる．それは熱力学の諸法則であり，エネルギーの性質について，ま

---

[1] 意味深い文章はできるだけ原文も読んで本来の文意を十分に汲み取っておこう．A theory is the more impressive the greater the simplicity of its premises, the more different kinds of things it relates, and the more extended its area of applicability. Hence the deep impression that classical thermodynamics made upon me. It is the only physical theory of universal content concerning which I am convinced that, within the framework of the applicability of its basic concepts, it will never be overthrown (for the special attention of those who are skeptics on principle). (Albert Einstein, "*Autobiographical Notes,*"A Centennial Edition translated and edited by Paul A. Schilpp, Open Court Publishing Company, p.31, 1979.)

[2] こちらも同様．Among the hundreds of laws that describe the universe, there lurks a mighty handful. There are the laws of thermodynamics, which summarizes the properties of energy and its transformation from one form to another. (Peter Atkins, "*Four Laws That Drive the Universe,*"Oxford University Press, Preface, 2007.)

たそのある形から他の形への変化について要約している.」

　同じ物理学でも,力学はニュートン (Isaac Newton, 1643–1727) に端を発し18世紀におおむね完成した[3]が,熱力学の方は18世紀以降に蒸気機関を改良する必要性にも触発されて多くの技術者や科学者により研究され,ほぼ完成をみたのは19世紀後半だった[4].熱力学の発展が力学より遅れたのは,物体のつり合いや運動などを対象とする力学とは異なって,熱の正体がそもそも目に見えないのでつかみどころがなく,初期の概念形成自体がむずかしかったこと,さらに熱の本質を明らかにできる精度の高い実験や観察がむずかしかったことなどによる.これらの困難に打ち勝ってニュートン力学より完成が2世紀近く遅れた熱力学は,産業革命を先導した動力革命の学問的基礎となったことはもちろんであるが,実はそれだけではなく万物の根源に迫る重要な物理学であったのだ.

　以上,物理の第一歩『熱力学』の序文としては,いささか大きなところから始めてしまったかもしれない.そこで身近な日常に立ち返ってみよう.たとえば,私たちが起床するやいなや,寒い,暑い,ちょうどいいころだとかを感じ,必要あれば服の着方で体温を,あるいは暖冷房機で室温を調節する.次に,ガスや電気で調理した朝食をとる.新聞やテレビニュースでは大気中の二酸化炭素濃度増加がもたらすといわれている地球温暖化問題を報じている.支度ができて,学校や職場が遠方ならば,電車,バス,自動車,バイクなどの交通機関を利用して向かう.これらの自然現象,人間の感覚や行動,機械などの技術はほとんどが熱力学に関係し,そのキーワードは「温度」,「熱」,「エネルギー」などである.このような例を考えただけでも,いかに熱力学が本質的に重要か,実感できるであろう.

　本書では,この熱力学の基礎を理解するために,熱力学の諸法則(第0,第1,第2,第3)に基づいて,温度,熱,仕事,内部エネルギー,エンタルピー,

[3] 山本義隆,『古典力学の形成——ニュートンからラグランジュへ』(日本評論社,1997).山本義隆,「Euler の力学」,京都大学数理解析研究所講究録,第1608巻,pp.1-13,2008. https://www.kurims.kyoto-u.ac.jp/~kyodo/kokyuroku/contents/pdf/1608-01.pdf
[4] 山本義隆,『熱学思想の史的展開—熱とエントロピー1-3』(ちくま学芸文庫,2008-2009).

エントロピー，自由エネルギーなど熱力学特有の物理量を導入していく．これらのうち，熱と仕事以外はすべて物質が保有しているものであるので，熱力学は「熱と仕事による物質の状態変化に関する物理学」といってもよい．その際，本書で述べる範囲で最も特徴的なことは，物質の微視的（ミクロ）なところには入り込まず，巨視的（マクロ）なところだけで現象論的に考察を進める点である．対象をマクロだけに限定しても広範な展開ができる熱力学の世界は，冒頭に引用した二人の言葉に表現される普遍性につながるのである．

　それでは，以上のことを心に留め，その第一歩を踏み出そう [5]．

2023 年 7 月

吉田英生

---

[5]「あとがき」に詳細を記したように，本書執筆に際し，監修の兵頭俊夫氏と徹底的な議論を行った．その結果，いくぶん細かいことながら正しい理解のためには留意すべきことも多数浮かび上がった．そこで，主となる説明の流れを分断しないよう，それらの多くを脚注に回した．したがって，それらの脚注には最初はあまり気にせず本文を読み進んでよいが，本文だけでは疑問や不足に思ったときなど，脚注を参照すれば正しく深い理解の助けになることがあると思う．

目　次

第1章　出発に際しての準備　熱力学第0法則　　　　　　　　　1

1.1　なれ親しんだ日常的概念から厳密な理解へ 1

1.2　熱力学で考える「物質」 1

1.3　熱力学で考える「系」 3

1.4　熱平衡と熱力学第0法則 4

1.5　状態量 4

1.6　温度（その1）：身近さとむずかしさと 5

　　1.6.1　温度目盛　　5

　　1.6.2　後述する各種の温度とその記号　　6

1.7　圧力 7

章末問題 8

第2章　熱と仕事の共通性へ　熱力学第1法則 (1)　　　　　　　9

2.1　内部エネルギー 9

2.2　仕事 10

2.3　熱と仕事 11

2.4　熱力学第1法則 12

2.5　微小変化に対する熱力学第1法則 13

2.6　熱容量：熱による温度変化にかかわる基本量 13

2.7　熱力学における過程 14

2.8 熱力学第 1 法則の成立まで 16

2.9 仕事率 20

章末問題 21

第 3 章 基本的な関係式と状態変化 熱力学第 1 法則 (2) 23

3.1 熱力学第 2 法則に向かう前に 23

3.2 ボイル・シャルルの法則と理想気体 23

3.3 温度 (その 2)：理想気体温度 25

3.4 理想気体の状態方程式 26

3.5 状態量の間の関係と微分演算 28

3.6 定積熱容量と定圧熱容量 30

3.7 定圧変化を簡単に表現できるエンタルピー 32

3.8 物質の圧縮と膨張 34

3.9 理想気体における状態変化 35

    3.9.1 ジュールの実験 35

    3.9.2 定積熱容量と定圧熱容量の関係 36

    3.9.3 定積・定圧・等温・断熱の各変化 37

章末問題 43

第 4 章 熱の特殊性へ 熱力学第 2 法則 (1) 45

4.1 熱機関とサイクル 45

4.2 永久機関は可能か？ 45

4.3 熱力学の世界が大きく動いた 1850 年前後 46

4.4 カルノーの原理 49

4.5 カルノー熱機関，カルノー・サイクル (理想気体の場合) . . . 51

4.6 熱力学第 1 法則と相補う熱力学第 2 法則の確立 55

    4.6.1 クラウジウスの原理とトムソンの原理 55

コラム：熱力学第 2 法則の 2 つの表現を原文 (英文) で

味わってみよう 56

4.6.2 カルノー／クラウジウス／トムソン各原理：各関係性理解の前に　57

4.6.3 可逆熱機関のサイクルを逆転させた可逆熱機関　58

4.6.4 トムソンの原理とカルノーの原理　59

4.6.5 クラウジウスの原理とカルノーの原理　61

4.6.6 トムソンの原理とクラウジウスの原理　63

4.6.7 物理基本法則としてのカルノー／クラウジウス／トムソン各原理　64

4.6.8 カルノー・サイクルの逆転サイクルの熱機関　66

コラム：身近な圧縮式熱機器 67

4.7 温度（その3）：熱力学的温度 68

章末問題 71

章末自由課題 72

第5章　エントロピーの導入と変化の方向
熱力学第2法則 (2)　　　　　　　　　　　　73

5.1 熱力学第2法則の数学的表現に向けて 73

5.2 カルノー・サイクルから一般の可逆サイクルと
非可逆サイクルへ 74

5.2.1 p-V 図上でのカルノー・サイクル　74

5.2.2 p-V 図上での一般の可逆サイクル　75

5.2.3 一般の非可逆過程：クラウジウスの不等式　77

5.3 新たな状態量としてエントロピーの導入 78

5.4 T-S 図上での状態量の変化 79

5.4.1 T-S 図上でのカルノー・サイクル　79

5.4.2 T-S 図上での一般の可逆サイクル　81

5.5 エントロピーによる熱力学第2法則の定式化 83

5.6　理想気体におけるエントロピー . . . . 　85

5.7　非可逆過程におけるエントロピー変化の例 . . . . 　88

　　5.7.1　熱伝導にともなうエントロピー発生　88

　　5.7.2　理想気体の自由膨張にともなうエントロピー発生　90

章末問題 . . . . 　92

第6章　自由エネルギーの導入と平衡　熱力学第2法則(3)　93

6.1　エントロピーを出発点に位置づけた熱力学の展開 . . . . 　93

6.2　ルジャンドル変換と4種類のエネルギー（熱力学関数）. . . . . 　94

6.3　定圧変化におけるエンタルピーと等温変化における
　　自由エネルギー . . . . 　98

6.4　マクスウェルの関係式 . . . . 　100

6.5　マクスウェルの関係式の応用：エネルギーの方程式と熱容量 . 　102

6.6　熱力学第2法則から導かれる自由エネルギーと平衡の関係 . . 　104

　　6.6.1　孤立系での平衡　105

　　6.6.2　等温系での平衡　105

章末問題 . . . . 　107

第7章　気体−液体間の連続的変化
　　　　　共通的な特性と一元的な状態方程式　109

7.1　諸物質の特性 . . . . 　109

　　7.1.1　これまでの気体中心の系から液体をも含む系へ　109

　　7.1.2　純物質の状態変化　110

コラム：工学分野での専門用語 . . . . 　113

7.2　内部エネルギーあるいはエンタルピーが一定の場合の
　　気体の変化 . . . . 　114

　　7.2.1　ジュールの自由膨張の実験に関する温度変化　115

　　7.2.2　ジュール・トムソンの実験　116

　　7.2.3　ジュール効果・ジュール‐トムソン効果を発現しない理想気体と，液体状態への接近にともなう両効果の発現　121

7.3　気体と液体を一元的に表すファン・デル・ワールスの状態方程式 123

　　7.3.1　理想気体の状態方程式から体積と圧力に関する補正　124

　　7.3.2　臨界点の値で規格化した p-V 図——対応状態の法則　125

　　7.3.3　気液共存領域の決定　127

章末問題 131

第8章　相平衡と相変化
気体‒液体‒固体の状態を決める基本原理　133

8.1　熱力学法則・諸関係式の普遍性と物質の状態方程式 133

8.2　相の平衡 133

　　8.2.1　化学ポテンシャル　134

　　8.2.2　気液2相平衡の条件　137

8.3　化学ポテンシャル／ギブズの自由エネルギーの性質と物質の p-T 図 139

　　8.3.1　化学ポテンシャル／ギブズの自由エネルギーと気体‐液体‐固体の変化　140

　　8.3.2　p-T 図上での相の境界と相律　141

8.4　クラペイロン‐クラウジウスの式 144

8.5　熱力学を身近な現象に適用してみよう——登山に関する熱力学　147

章末問題 152

付録A　ファン・デル・ワールスの状態方程式に関する補足　153

A.1　ファン・デル・ワールスの状態方程式とギブズの自由エネルギー 153

A.2　ファン・デル・ワールスの状態方程式と

ヘルムホルツの自由エネルギー 155
A.3　ファン・デル・ワールスの状態方程式における準安定状態 . . 157
A.4　熱力学関数の性質とル・シャトリエの原理 158

付録B　よく用いる関係式　　　　　　　　　　　　　　161

B.1　全微分と偏微分に関する式 161
B.2　熱力学第 1 法則に関する式 161
B.3　4 つの熱力学関数に関する式 162
B.4　理想気体に関する式 163

付録C　物質の性質に関するデータ　　　　　　　　　165

章末問題略解　　　　　　　　　　　　　　　　　171

あとがき　　　　　　　　　　　　　　　　　　181

索　引　　　　　　　　　　　　　　　　　　　185

第1章 出発に際しての準備 —熱力学第0法則—

1.1 なれ親しんだ日常的概念から厳密な理解へ

　熱力学は諸現象を普遍的に記述する物理学であるが，その導入部分は実のところもやもやしている．というのも，熱力学の対象があまりにも私たちの日常に密接に関係しているために，私たちが感覚的には理解しているが確かな理解はむずかしい言葉，またよくよく考えると場合によって多様な意味で用いている言葉などで説明を始めざるを得ないので，すっきりしないのである．熱 (heat) と温度 (temperature) などがまさにその代表例であり，日常生活ではたとえば風邪を引いたときなど「体温を計ったら平熱より高い」，「熱がある」などと表現するが，これらの言葉や概念をそのまま熱力学の世界に持ち込むと混乱をまねく．そこで，以下ではなれ親しんだ日常的概念に基づくこれらの言葉を用いながらも，誤解のない共通の理解に至ることができるよう順次厳密な意味を説明していこう．

1.2 熱力学で考える「物質」

　まえがきで述べたように，本書の熱力学の範囲では熱と仕事 (work) による物質 (matter) の状態 (state) 変化 (change) を扱うが，その微視的（ミクロ，microscopic）な状態（物質を構成する分子の運動など）は問わない．そこで，今後の展開を明確にするために，巨視的（マクロ，macroscopic）な性質に関する語の方を最初に整理しておこう．

　まず，対象とする物質が単一の成分 (component) の場合，図 1.1 に示すよう

(a) 固体，固相   (b) 液体，液相   (c) 気体，気相

図 1.1   物質の三態あるいは三相

に，温度や**圧力** (pressure) の条件により，**三態**あるいは**三相** (three phases) がある.

- **固体** (solid)，**固相** (solid phase)：強い力を加えない限り形を保つ.
- **液体** (liquid)，**液相** (liquid phase)：容器に入れると**重力** (gravity) の作用で底の方にすき間なく広がる.
- **気体** (gas)，**気相** (gas phase)：密閉できる容器に閉じ込めると全体に広がる.

私たちは常温常圧の世界に住んでいるので，物質によっては固体か液体か気体かの状態を自然に思い浮かべるが，どんな物質でも温度や圧力が変われば，固体，液体，気体のいずれにも変わり得る．このことは，最も身近な例では氷‐水‐水蒸気の変化から理解できるだろう．これらの相が変化する現象，すなわち，固相‐液相間の**融解** (melting) や**凝固** (solidification)，液相‐気相間の**蒸発** (evaporation) や**凝縮** (condensation) などをひっくるめて**相変化** (phase change) とよぶ.

　一方，対象とする物質が複数の成分であることも少なくない．たとえば，酒は主に水とアルコールの**混合物** (mixture) で，ガソリンは多種類の炭化水素からなる混合物である.

　熱力学では，このような場合もすべて対象とし，同じ普遍的な**原理** (principle) で考える．ただし，その概念を基礎的に理解するには，気体がいちばんわかりやすい．というのは，気体は熱や仕事によって顕著に**膨張** (expansion) あるいは**収縮** (compression) するので，その体積変化と諸物理量を関係づけやすいからである．そこで，本書では主に気体を対象として説明することになる.

1.3　熱力学で考える「系」

　熱力学では注目する物質を**系** (system) とよぶ．系の形態は，図 1.2 に示す 3 つの場合に大別される．系自体は，明確な境界を有するものならどんなものでも問わない．（当面は図 1.2(b) のようにピストンが可動壁となっているシリンダーに気体が封入された場合を対象とすることが多い．）そして，この中では物質を**均質** (homogeneous) なものとみなして取り扱う．均質というのは系内のどこでも**一様** (uniform) と言い換えてもよい．なお，系に対してその外側の物質を**環境** (environment) あるいは**外界**とよぶ．環境のうち，系との相互作用があっても温度が変わらない，すなわち熱容量（2.6 節で後述）が無限大の物質を，**熱源** (heat reservoir) あるいは**熱浴** (heat bath) とよぶ．

　系と環境の関係から見ると，まず図 1.2(a) のように物質についても熱についても周囲の環境とやりとりのない**孤立系** (isolated system) が考えられる．そして，図 1.2(b) のように体積が変わったり熱が出入りしたりしてもよいが，物質は考えている空間に閉じ込められている**閉鎖系**あるいは**閉じた系** (closed system) と，図 1.2(c) のように物質も考えている空間から外部に流出したりあるいは外部から逆に流入したりする**開放系**あるいは**開いた系** (open system) がある．ここで「閉じる／閉じない」は物質に関してであって，熱に関してではないこと

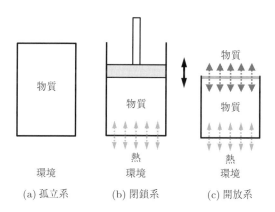

図 1.2　熱力学における系と環境

に注意が必要である.

　なお,本書では基本的に純物質（単成分）の閉鎖系を対象とするが,第8章の相変化に関する箇所で一部,開放系に準じる扱いをする.

1.4　熱平衡と熱力学第0法則

　外界から孤立した系が時間経過とともに巨視的には何の変化も見られなくなった状態を**熱平衡** (thermal equilibrium) 状態とよぶ.2つの物体が最初それぞれ異なる温度で熱平衡にある場合に,両者を接触させると,しばらくして同じ温度になって落ち着いた場合も熱平衡状態である.ここで,3つの系A,B,Cがあり,系Aと系Bが接触して熱平衡にあり,系Aと系Cが接触して熱平衡であれば,系Bと系Cを接触させてもなにも起こらない.すなわち

> **系Aと系Bが熱平衡にあり,系Bと系Cが熱平衡にある場合,系Aと系Cも熱平衡にある**

という数学の推移律とも対応する基本法則を**熱力学第0法則** (the zeroth law of thermodynamics) とよぶ.

1.5　状態量

　「状態」という語も日常語として使われているが,熱力学では物質の状態を特徴づける物理量を**状態量** (state quantity, quantity of state) とよぶ.状態量としてまず考えられるのは,温度,**圧力** (pressure),**体積** (volume) などであるが,状態量は「物質の量に比例するもの」と「物質の量によらないもの」の2種類に大別される.たとえば,ある物質を2つに分けたあと,それぞれを元の物質と比べると,体積は減るが,温度や圧力は変わらない.そこで前者を**示量性** (extensive) **状態量**,後者を**示強性** (intensive) **状態量**とよぶ.熱力学では,温度と圧力以外のほとんどの状態量は示量性状態量であるが,単位質量当たりとか単位 mol（後述）当たりとかで定義した量は示強性状態量の仲間となる.

　熱力学で重要な状態量は他にもたくさんあるが,ここで一挙に説明することは避け,今後必要にせまられた段階で順次説明していこう.

1.6　温度（その1）：身近さとむずかしさと

　私たちは自分たちを取り巻く種々のものに接触することにより，「熱い／暑い」ときは温度が高い，「冷たい／寒い」ときは温度が低いという．さらに，両者の中間的な場合に，「ぬるい」，「暖かい」，「涼しい」などとも表現する．

　このように，温度は日常のあらゆる局面で極めて身近な概念であるので，いまさら説明するまでもないことのように思われるかもしれないが，熱力学の入口としては，熱平衡状態にある系の状態量の1つとして明確に定義するところから出発しておきたい．とはいうものの，1.4節では第0法則について，2つの系が同じ温度なら熱平衡と，すでに温度の語を用いていた．本来，未定義の語を用いて法則を述べても意味をなさないといわれてもしかたないが，温度の完全な理解は熱力学諸法則の枠組みでこそ可能になるむずかしい内容なので，現時点ではやむを得ないのである．

　温度に関する記述と理解がむずかしいのは，熱力学の教科書の中だけに限らない．熱（力）学にかかわった先駆者たちにとっては，そもそも熱の正体がよくわからない上に，熱と密接に関係する温度をどのように定義して熱力学体系の中に組み込むかは難問の1つであったのだ．そこで本書では，熱力学の諸法則において各種の温度の意味・役割が明確になるタイミングを待って，順を追って説明することにしよう．なお，**国際単位系**（The International System of Units（英語），Le Système international d'unités（フランス語），略称 SI）[6] において，7個の**基本単位** (base unit) が時間・長さ・質量・電流・温度・物質量・光度から構成されることからも理解できるように，温度は熱力学のみならず物理全般の中核となる極めて重要な状態量の1つである．

1.6.1　温度目盛

　ここまで温度の定義のむずかしさを強調したが，温度を定量的に示す道具としての**温度目盛** (temperature scale) は身近で常識の一部ともいえるので，最

---

[6] https://www.bipm.org/utils/common/pdf/si-brochure/SI-Brochure-9.pdf 参照.

初に述べておこう．私たちが馴染んでいる**摂氏温度目盛**℃ [7] は，スウェーデンの天文学者**セルシウス**（Anders Celsius, 1701–1744，図 1.3(b)）により導入された．一方，歴史的には前後するが，**華氏温度目盛** ℉ は，ドイツ（現ポーランド領）の**ファーレンハイト**（Daniel Fahrenheit, 1686–1736，図 1.3(a)）により導入され（世界初の温度計を作ったとされる），現在では主に米国で用いられている [7]．華氏温度目盛と摂氏温度目盛の読み（単位はなく単なる値とする）をそれぞれ t_F, t_C とすると，両者の間には以下のような関係がある．

$$t_F = \frac{9}{5}t_C + 32, \quad t_C = \frac{5}{9}(t_F - 32) \tag{1.1}$$

(a) ファーレンハイト [8]　　　　(b) セルシウス

図 1.3

1.6.2　後述する各種の温度とその記号

ここで，後述する種々の温度についての混乱を避けるため，まず記号について以下のように約束しておこう．すなわち，

---

[7] ファーレンハイトは，1709 年にアルコール温度計，1714 年に水銀温度計を発明し，このときの温度目盛が，氷・塩の混合物を用いて当時実験室で得られた最も低い温度を 0 度とし，当初は，氷点 (freezing point) を 30 度，通常の人間の体温を 90 度とした．一方，セルシウスは 1742 年，水の沸点 (boiling point) を 0 度，氷点を 100 度としたが，その死後，目盛は今日のものに逆転された．

[8] ファーレンハイトの肖像は残されていないにもかかわらず，インターネット上に間違った絵が引用されていることが多いので注意せよ．なお，上記画像はファーレンハイトの出身地のグダニスク工科大学で最近，科学的推測からコンピュータ合成されたもので，その妥当性は疑問なしとはしないが，上述のことを注意喚起するためにあえて掲載する．

(a) 一般概念（温度目盛登場以前あるいは普遍的対象）としての温度：θ（シータ）

(b) 歴史的な温度目盛（前述）の値：小文字 t_{F}, t_{C}

(c) 熱力学的状態量の 1 つとして明確な意味を有する温度：大文字 T

の 3 つに大別される.

　3 者が，意義を示す／登場するタイミングとポイントは以下のようである.

(a) 第 3 章（3.2 節）における 17 世紀に関する記述，第 4 章（4.4 節，4.6 節，4.7 節）における原理的考察（推論）で不可欠となる.

(b) 第 2 章までの内容に対しては不足なく用いることができる. 目盛の値であるので，単に系の温度を指定する場合や，異なる系間あるいは変化前後間の温度差に対してのみ有用である.

(c) 第 3 章（3.3　温度（その 2）：理想気体温度），さらに，第 4 章（4.7　温度（その 3）：熱力学的温度）として導入することにより，熱力学諸法則の枠組みにおいて種々の量的関係が完結して説明できる. これらの単位は，後述する英国の**トムソン**，後に**ケルビン卿**（William Thomson, Lord Kelvin, 1824–1907，肖像写真は表 4.1）にちなみ，SI 単位で記号 K とする.（1 K の温度差と 1℃の温度差は等しい.）これらの温度は絶対値[9]も重要な役割を果たし，さらにこれらの温度に基づいて新たな状態量も定義される.

それでは，この続きは後ほど第 3 章と第 4 章で述べることにしよう.

1.7　圧力

　「圧力」も温度と同様に身近である. 熱力学で用いる圧力（以下では記号を p とし，SI の**組立単位** (derived unit) で $\mathrm{N/m}^2 \equiv \mathrm{Pa}$（パスカル））は日常感覚の圧力に，ほぼ対応するといってよく，私たちがいちばん圧力を実感できるのは，水中に潜った場合などだろう. 飛行機内において上空で蓋をしたペットボトルが降下中へへこむこと，あるいは逆に平地で密封された菓子袋が登山中にふくらむことでも大気中の圧力（気圧）変化を視覚的に感じる. このように，どん

---

[9] ただし，4.7 節で述べる絶対温度の「絶対」は，ここで述べた絶対値という意味ではないので注意せよ. 脚注 43 参照.

な物質もその内部には示強性状態量として温度と同様に圧力が存在し，任意の面には圧力による力が作用している．なお，最近の天気予報では気圧に対して hPa $= 100$ Pa という単位が用いられるが，1992 年以前は bar $= 10^6$ dyn/cm^2 という単位に基づく mbar が用いられていた．mbar は hPa に等しい．大気圧を基準として直感的に理解しやすい文字どおりの気圧 $=$ atm という単位もある．また，イタリアのガリレイ (Galileo Galilei, 1564–1642) の弟子であるトリチェリ (Evangelista Torricelli, 1608–1647) が真空を発見した実験で，大気圧が標準状態の水銀（密度 13.5951 g/cm^3）を 760 mm 押し上げたことから，torr $=$ mmHg という歴史的な単位がある．atm や torr は，現在では，SI 単位の Pa を用いて

$$1 \text{ atm} = 760 \text{ torr} = 1.01325 \times 10^5 \text{ Pa} \tag{1.2}$$

と定義されている．実用的には，1 atm は 10^5 Pa と覚えておくので十分である．なお，mmHg は血圧の単位として使われている．

章末問題

1.1 米国に滞在する場合は，ホテルの室内温度や風呂温度を華氏温度で設定する際，摂氏温度目盛との対応がだいたいわかっていると便利である．そこで，0 ℃，20 ℃，40 ℃が華氏温度目盛でいくらになるか確認せよ．

1.2 (1.2) で示した高さ 760 mm の水銀柱と釣り合う圧力単位 Pa での値を，重力加速度 (gravitational acceleration) を 9.80665 m/s^2 として確認せよ．

第2章 熱と仕事の共通性へ ―熱力学第1法則(1)―

2.1 内部エネルギー

まず，**質点**（質量だけはあるが大きさも中身もない抽象化された実体，point mass）に関する**力学** (mechanics) において，**力**（force，SI 単位はニュートン N：基本単位）および**エネルギー**（energy，SI 単位はジュール J：N に長さの基本単位 m を乗じた組立単位 $J = N\,m^{10)}$）の議論を思い出してほしい．重力のような**保存力**（conservative force，本シリーズ『力学』参照）が作用する場では，**力学的エネルギー** (mechanical energy) の**保存則** (conservation law) が成り立ち

$$\text{運動エネルギー (kinetic energy)} + \text{位置エネルギー (potential energy)} = 一定 \tag{2.1}$$

と表現できた．この力学的エネルギーの保存則は，質点の集合体としての物体（物質）にも適用できるが，質点から出発したので，当然のことながら物体が内部にもっているエネルギーというものは考慮していない．しかし，物体どうしが**衝突** (collision) して**運動量** (momentum) は保存されても運動エネルギーが保存されない**非弾性衝突** (inelastic collision) の場合，失われたように見えるエネルギーはどこにいったのか？　と考えると，実は物体内部に蓄えられている．（通常わずかであるが衝突後の物体の温度が上昇している．）このように物体内部に蓄えられているエネルギーを**内部エネルギー** (internal energy) とよび，記

---

10) 組立単位 J に名を残す英国のジュールについては後述する 2.8 節参照.

号 U で表す [11].

▌ 2.2　仕事

物理における**仕事** (work) は，「力」と「力が作用して移動した距離」の積として定義される．熱力学では**圧縮** (compression) や膨張が可能な気体（体積を V とする）について仕事を考えることが多く，具体的には図 2.1 のような断面積 S のシリンダーと移動可能なピストンで構成される場合を対象とする．（気体の体積変化と仕事の関係に注目する．）

最初のシリンダーの体積を $V = SL$，シリンダー内部の気体の圧力を p とし，ピストンとシリンダー壁の間の摩擦はなく気体の漏れもない理想状態を考える．ピストンの左側からは単位面積当たりの力として気体の圧力がかかっているので，これと釣り合うためにはピストンの右側に気体の圧力 p とピストンの面積 S の積に等しい大きさ

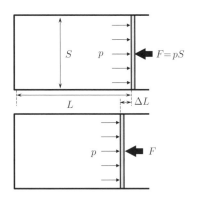

図 2.1　気体の圧縮による仕事

---

[11] 上記では物体として固体を想定した説明をしたが，このあと考察の主対象となる気体について，その内部エネルギーを具体的にイメージするため，たとえば風せんの中につめた空気を考えてみよう．この場合，たとえ風せん自体は静止していても，その中で空気（窒素や酸素など）の分子がランダムに飛び回っているので個々の分子の運動エネルギーを保有している．さらに，運動エネルギーだけでなく，分子間の引力や斥力に基づく**ポテンシャルエネルギー** (potential energy) という形でのエネルギーも保有している．これらが気体の内部エネルギーに相当する．

$$F = pS \tag{2.2}$$

の力を作用させる必要がある．ここで，F をほんの微小量だけ大きくすることによって，ピストンをゆっくりと左方向に $|\Delta L|$，体積変化 $|\Delta V| = S|\Delta L|$ だけ押し込んだ場合を考える．このとき，押し込んだ距離が初期状態に比べてわずかである場合，圧力 p はその間一定と考えてよいので，ピストンが気体にした仕事 W は

$$W = F \times (-\Delta L) = -pS\Delta L = -p\Delta V \tag{2.3}$$

となる．ここで，仕事 W は外部からシリンダー内の気体に対してなされるときを正（気体が外部にする仕事を負）と表すことにして，この場合は ΔL や ΔV が負の値であるため，前に負号をつけて正負を反転させた．以上から，気体の圧縮や膨張にともなう仕事は気体の圧力と体積変化の積で与えられることがわかる．仕事の SI 単位は組立単位 $J = N\,m$ であり，エネルギーと同じである．

2.3 熱と仕事

　状態量の変化に関する熱力学[12]の第 1 法則を，次節で説明するのに先立ち，いままで漠然と使ってきた「熱」と「仕事」の語について，本書全体を貫く熱力学の枠組みも考慮して，以下のように明確にしておこう．

熱：温度差のある物体間あるいは温度差のある物体-環境間で高温側から低温側に移動するエネルギーが「熱」であり，その温度差が持続している場合は熱も持続的に移動する．（なお，伝わり方としては，物質中の**熱伝導** (heat conduction) が一般的であるが，真空中であっても電磁波による**熱放射** (thermal radiation) もある．）特に，熱力学では，ある状態の系を変化させて異なる状態にする要因としての「熱」を考え，過渡的に移動するエネルギーと理解することが重要である．この場合，系より系外の

---

[12] 一般に，熱力学で対象とする状態の変化過程では時間は特に考えない，換言すれば，時間は陽（陽は explict という英語に対応する．なお，陽の逆の語は**陰**で implict という英語に対応する）には出てこないが状態は変化するものとして扱う．そして，本文に述べるように，状態を変化させる過程でのみ過渡的に考える要因が熱と仕事で，それらの影響は変化前の状態と変化後の状態の差に反映される．なお，工学問題などにおいて現実の現象との対応で考える場合には，後述する単位時間当たりの仕事，すなわち**仕事率**としての時間は重要となる．

温度が高いと系に熱が流入し（加えられ），逆の場合は系から系外に熱が流出する（捨てられる）[13]．

仕事：ある時間内に行われる秩序だった力学的な作用が物理学・熱力学における「仕事」であり，その作用は 2.2 節で説明したように「力 × 作用して移動した距離」として定量的に表される．なお，仕事は作用ゆえもともと過渡的なものであり，熱力学では，熱とともに，ある状態の系を変化させて異なる状態にする要因と理解することが重要である．この場合，2.2 節での例のように，系外から系に行われる場合は正の仕事 $W > 0$，逆に系が系外に行う場合は負の仕事 $W < 0$ とする．

2.4 熱力学第1法則

2.1 節で述べた系の内部エネルギーと，2.2 節で述べた系に入るあるいは系から出る熱や仕事——これらを関係づける法則が**熱力学第1法則** (the first law of thermodynamics) である．その確立には 2.8 節に述べるように多年の苦闘があるのだが，法則自体は単純明快である．

いま，考えている系が熱平衡状態 A から熱平衡状態 B に変化したときの，内部エネルギーを考える．系に外部から加えられた熱を Q，仕事を W とする[14]と，次式のように，内部エネルギーの変化は加えた熱や仕事の和に等しい．

$$U_{\mathrm{B}} - U_{\mathrm{A}} = Q + W \tag{2.4}$$

左辺に現れる内部エネルギー U_{A} と U_{B} は状態量で，それぞれ状態 A と状態 B で一意に決まる．まず，(2.4) の等式において左辺と右辺の関係に注目すると，右辺が原因となって左辺の変化が生じる．そして，内部エネルギーの変化量は，

[13) なお，一般の**エネルギー利用** (energy utilization) や**エネルギー変換** (energy conversion) に関する書などにおいては，エネルギーの一形態として**熱エネルギー**（英語は，名詞 heat ではなく，形容詞 thermal を前置した thermal energy）という語も用いられるので紛らわしい．この熱エネルギーは，高温や低温の物質が持続的に保有している内部エネルギーそのものや，温度差のある系の間で持続的に利用できるエネルギーを意味しているので，訳語としては**熱的エネルギー**とでもよんで区別する方が，混乱を避ける意味で望ましい．

14) Q も W も，それぞれ系に加えられた場合に正とするのは，状態量である内部エネルギーが増加する向きを正とする当然の向きだからである．

あくまでも熱と仕事の和に対応し，熱と仕事の内訳にはよらない．（さまざまな内訳，すなわちさまざまな変化の経路がありうる．）

また，(2.4) で，左辺と右辺の関係という視点を離れて，右辺だけに注目すると，系に出入りする熱と仕事の間でも増減の相補的関係があることがわかる．たとえば，

- 系に外部から熱を加えた ($Q > 0$) ときに，もし内部エネルギーが変わらない ($U_B = U_A$) ように系を制御するならば，$W = -Q < 0$ となるため，系は外部に仕事をし，

- 系に外部から仕事を加えた ($W > 0$) ときに，もし内部エネルギーが変わらない ($U_B = U_A$) ように系を制御するならば，$Q = -W < 0$ となるため，系は外部に熱を捨てる

というような熱と仕事の間の相互変換（互換性）も示している．

2.5 微小変化に対する熱力学第 1 法則

(2.4) では状態 A から状態 B への変化の結果を一足飛びに表したが，これはいうまでもなく微小変化の積み重ねの結果である．そこで (2.4) を，微小変化に対しても書き表しておこう．(2.4) の左辺は，状態量である内部エネルギーの変化なので，微小変化は単に微分形でかけばよい．しかし，右辺の熱や仕事は変化過程の間に加えられる微小な量にすぎない．そこで微分形のように dQ や dW とは表記せず，単なる微小量という意味で $d'Q$ や $d'W$ という記号を用いることとし

$$dU = d'Q + d'W \tag{2.5}$$

のように表す．そして，有限の大きさの変化に対して (2.4) で述べたことは，微小な変化に対する (2.5) に対しても，同様にあてはまる．

2.6 熱容量：熱による温度変化にかかわる基本量

ここではまず，$d'Q$ に関連して**熱容量** (heat capacity) を導入する．熱容量

とは，ある条件の下で，物体あるいは物質あるいは系を単位温度だけ上昇させるのに必要な（外部から加えなければならない）熱量と定義される．すなわち

$$C_{条件} \equiv \left(\frac{d'Q}{dT} \right)_{条件} \tag{2.6}$$

であり，添字「条件」がついているのは，物体や系が決まっても熱容量はその変化の過程によって異なることを示す．このことは 3.6 節で具体的に説明する．なお，単位物質量当たりの熱容量を**比熱容量** (specific heat capacity) とよび，物質量を kg 単位とする場合と**モル**（mol，3.4 節の脚注 23 参照）単位とする場合がある．

2.7　熱力学における過程

　次に明確にすべきは，いままで曖昧なまま論を進めてきた，熱力学における状態変化あるいは過程をどのように考えるかという問題である．熱力学の出発点とした「系」，「熱力学第 0 法則」，「熱や仕事」などに関する諸前提（1.3 節，1.4 節，2.3 節）の下で定量的に議論を進めるには，どのような過程を考えたらよいであろうか？

　熱力学は状態量の間の関係を明らかにすることを骨子とするので，系が常に状態量を明確に定義できる場合が基本となり，このためには熱平衡状態を保ちながら変化する過程を考える．この一見矛盾するように思えなくもない「熱平衡状態」と「変化」とを，熱力学では以下のような極限的・理想的な概念を導入することによって両立させる．

　すなわち，ある熱平衡状態からほんの少し異なる熱平衡状態に極めてゆっくりと変化させ，その微小でゆっくりとした変化をじわじわと繰り返して積み重ねる [15]のである．こうすることにより各微小変化の前後は**可逆**（戻すことができる reversible）となり，かつそれらを積み重ねた全変化も可逆となる．このような変化のさせ方を**可逆過程** (reversible process) とよぶ．時間的な面からこの

---

[15] 朝永振一郎 (1906–1979) による絶筆『物理学とは何だろうか』（岩波新書，1979）では，「物理学生への注（上巻第 II 章，pp.162–164）」として，「じわじわと動かす」ということについて極めて長文で具体的かつ詳細に説明されている．物理を学ぶ人たちには，この部分に限らず，ぜひとも参考にしてほしい名著である．

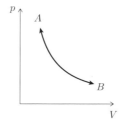

図 2.2 状態量面（ここでは *p-V* 図）に表示できる可逆（＝ 準静的）過程

変化を見るとほとんど止まっているようでもあるので**準静的過程** (quasistatic process) ともよび [16]，熱力学では両過程は同義である．このような可逆過程あるいは準静的過程では，たとえば図 2.2 のように 2 つの状態量からなる状態量面（ここでは *p-V* 図）上で，状態 A から状態 B への過程の経路を明確に示すことができる．なお，可逆でない過程は**非可逆過程**あるいは**不可逆過程** (irreversible process) とよぶ．

以上のような熱力学展開上の極限的・理想概念の可逆過程に対し，実際の熱力学的現象はほとんど非可逆過程である．それらの差異については後述の第 4 章〜第 6 章で取り上げる．ただし，可逆過程は実際の現象とまったく対応していないかというとそうでもなく，とりわけ気体の変化（圧縮や膨張をさせて圧力や体積を変える場合など）に対する順応は速いので，可逆過程に基づく熱力学はおおむね正しい特性を明らかにすることも少なくない．

なお，系外からの圧力 $p^{(e)}$ [17] で圧縮あるいは膨張する場合の仕事は，可逆過程ならば，他の状態量の積を用いて明確に置き換えることができる．すなわち，可逆過程では $p^{(e)} = p$（系内の圧力）が成り立つので

$$d'W \equiv -p\,dV = -p^{(e)}dV \quad (可逆 ＝ 準静的過程) \tag{2.7}$$

[16] したがって，準静的過程で状態を変えるには無限の時間がかかるので，脚注 12 では，熱力学では時間が陽に出てこないとも述べた．

[17] 上付き添字の (e) は external の意．図 2.1 のピストンの例では摩擦のない極限的な場合を考えたが，一般に系外（同図でピストンの右側と考える）の圧力と系内（同図でピストンの左側と考える）の圧力は等しいとは限らない（たとえば摩擦がある場合）．このため，系になされた正味の仕事は必ずしも $p^{(e)}$ とは関係づけられない．同様のことは系外と系内で熱をやりとりする場合にもいえるので，後の第 5 章では系外の温度についても $T^{(e)}$ のように表す．

と表される.（ここで中辺と右辺にマイナス記号をつけた理由は 2.2 節と脚注 14 に述べた.）このとき，熱力学第 1 法則は以下のように表される.

$$dU = d'Q - p\,dV \quad (可逆 = 準静的過程) \tag{2.8}$$

なお，本節では可逆過程を前提として論を進めたが，2.4 節と 2.5 節で述べた熱力学第 1 法則そのものは可逆過程とは関係なく，(2.7) のようには表示できないいかなる変化過程であろうが成り立つことに注意してほしい.

2.8　熱力学第 1 法則の成立まで

ここで，歴史的な観点から熱力学第 1 法則を振り返ってみよう．21 世紀の私たちは，多くの科学的な知見を周知の事実（当たりまえ）という視点で眺めてしまいがちである．しかし，その解明に至るプロセスを理解するとともに，その意義を深く実感することは重要である.

熱力学第 1 法則は，その見かけの簡単さとはまったく逆に，近代科学が萌芽した 17 世紀以降 2 世紀の歳月をかけて到達した．近代化学の父とよばれるフランスのラヴォアジェ (Antoine Lavoisier, 1743–1794) でさえ，

① 質量
② 力学的エネルギー
③ 熱

の 3 つがそれぞれ独立に保存されると考えていた．ラヴォアジェに限らず 18 世紀から 19 世紀になっても一般には**熱素**（caloric，フランス語 calorique）が保存されると信じられていた.

しかし，摩擦によって力学的エネルギーが消失して熱が発生することや，気体を**断熱** (adiabatic) 的に膨張させる（外部に膨張仕事をさせる）と気体の温度が下がることが観察され，ドイツの**マイヤー** (Julius von Mayer, 1814–1878)，英国の**ジュール**（James Joule, 1818–1889，肖像画は表 4.1），ドイツの**ヘルムホルツ**（Hermann von Helmholtz, 1821–1894，肖像写真は図 6.2）などは熱素の存在を否定し，仕事から熱，あるいは熱から仕事に変換されることを主張

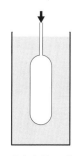 

(a) 大気圧の空気を約 22 気圧まで圧縮　　(b) 約 22 気圧の空気を大気圧まで膨張

図 2.3　気体の圧縮と膨張に関するジュールの実験（1844）

した.

　とりわけジュールは，電磁気現象による発熱の実験から出発して，種々の方法で熱と仕事の間の変換係数，すなわち**熱の仕事当量** (mechanical equivalent of heat) を測定した. 1844 年に発表した論文 "On the Changes of Temperature produced by the Rarefaction and Condensation of Air（空気の膨張と圧縮による温度変化について）" では，実験の概略イメージを図 2.3(a)(b) に示すように，水槽の中に金属容器を沈め，この容器に大気から空気を圧縮して充填したり，逆に容器から大気へ膨張させたりする場合の空気の温度変化を，容器壁を通して熱交換する水の温度変化から測定した. そして，その温度変化から求まる熱と仕事（圧縮あるいは膨張）とを比べることで，熱の仕事当量を求めた. ただし，容易に想像できるように，この実験における水の温度変化は極めて小さいため有効数字 2 桁の測定値を得ることさえむずかしく，熱の仕事当量の概念が一般に受け入れられるためには，ジュールはさらなる実験を続けざるを得なかった.

　そしてジュールの努力の結晶——測定精度を極めた最終到達点というべき研究が 1845 年の "On the Mechanical Equivalent of Heat（熱の機械仕事との等価性について）" に端を発する一連の実験である. その実験装置をオリジナル論文に忠実に図 2.4 に示す. 羽根車の軸に巻きつけた左右のおもりの降下運動により容器内の水を攪拌すると，おもりの位置エネルギーの減少に相当する

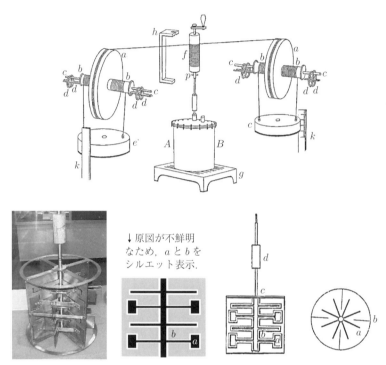

上図中，黒で示した a の羽根車は 45 度おきに全部で 16 枚の羽根を有する．
一方，灰色で示した b の仕切り板は，容器を 90 度ごとに区切って，液体が周
回運動するのをおさえている．

図 2.4　流体摩擦（粘性による発熱）に関するジュールの実験（1845）

（Thomas Preston, "The Theory of Heat," pp. 301-302, Macmillan, 1904：Joule のオリ
ジナル論文の図を忠実に見やすくしたもの．写真はロンドンの Science Museum で撮影し
た羽根車の実物．）

分がまず水中に生じた渦の運動エネルギーに変換される．この運動エネルギー
は水の**粘性**（液体が変形に対して抵抗する性質）による摩擦でさらに熱に変換
され，最終的に水が完全に静止したとき，位置エネルギーの減少分すべてが熱
に変換されて水（および水から熱が伝わる装置の一部）の温度上昇として確認
できるという原理である（実際の一例については章末問題参照）．なお，ジュー
ルは水以外の物質としてマッコウ鯨油を用いた実験も行って，自身の実験の普

遍性を確認した.

　この実験の結果,

- 熱量の単位として歴史的に用いられてきた**カロリー**（calorie, cal：一般には, 1 cal は純水 1 g を 1 気圧の下で 14.5℃から 15.5℃まで 1℃上げるのに要する熱量と定義されるが, 国や業種によって諸定義があった）

と

- 仕事の単位

との間の関係, すなわち熱の仕事当量を明らかにした. この関係は後に導入された単位 J（ジュール）[18] を用いて, 以下のように表される.

$$1 \text{ cal} = 4.184 \text{ J} \tag{2.9}$$

ただし, 上式中の数値は, ジュールの測定値とは若干異なるが, 現在わが国の計量法で用いられている化学熱力学カロリーで表記した[19]. なお, カロリーという単位は計量法により食物科学分野で現在でも用いられている（この分野では, 言葉でカロリーというときは 1 kcal = 1000 cal を意味することが多いので注意せよ）が, 工学分野では SI 単位系に統一されているため, **馬力**（次節で述べる仕事率の単位）と同様に用いられなくなった.

　このジュールによる定量的な実験で, 熱素概念が否定され,

① 質量
② 仕事との互換性を含めた力学的エネルギーと内部エネルギー

の保存則にまとめられたのであった.

---

[18] 仕事の単位 J（ジュール）は 2.2 節ですでに導入済みであるが, 本節で述べた背景から, このように名づけられたのはもっともであることが理解できよう.
[19] 前述のように cal の定義が種々あるので, たとえば 4.186 のように小数点 3 桁目が異なって記載されることもよくある.

2.9 仕事率

　これまでは熱や仕事を考えてきたが，ここではその時間当たりの量，すなわち**仕事率**を考える．その単位は W（ワット）＝ J/s で，SI の基本単位である J と s から構成される組立単位の 1 つである．歴史的には HP あるいは hp（horsepower，馬力）の方が先に定められた．

　英国で，**ニューコメン** (Thomas Newcomen, 1664–1729) の蒸気機関を改良して性能を大幅上昇させることに成功した**ワット**（James Watt, 1736–1819, 図 2.5）は，**ボールトン** (Matthew Boulton, 1728–1809) とともに蒸気機関のビジネスを展開した．その際，蒸気機関の性能を定量的に示すため仕事率を導入する必要にせまられたので，図 2.6 のような負荷のかかる装置で馬を周回運動させた．ワットが用いた**ヤード・ポンド法**（Imperial units，換算は表 2.1 参照）で表示すると，腕木の長さは 12 ft であり，馬は一分間に 2.5 回転した．このとき馬にかかる負荷（腕木の端末に及ぼす力）は 175 lb$_\mathrm{f}$ であった．したがって，1 分間の仕事は

図 2.5　ワット

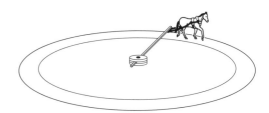

図 2.6　ワットが馬力を評価した方法

表 2.1　ヤード・ポンド法での単位と SI 単位の換算

	ヤード・ポンド法での単位	SI 単位
長さ	1 ft（フィート）＝ 12 in（インチ）	0.3048 m
質量	1 lb（ポンド）＝ 7000 gr（グレーン）	約 0.4536 kg
力・重量	1 lb$_\mathrm{f}$（重量ポンド）	約 0.4536 × 9.807 N

$$175 \text{ lb}_f \times 2\pi \times 12 \text{ ft} \times 2.5 = 33000 \text{ lb}_f \cdot \text{ft} \qquad (2.10)$$

であり，これを 60 s で割ったものが馬力であるので，SI 単位に変換すると，

$$1 \text{ HP} = 33000 \times 0.4536 \times 9.807 \times 0.3048 \div 60 \text{ N} \cdot \text{m/s} = 745.7 \text{ W} \quad (2.11)$$

となる．

章末問題

2.1 図 2.4 に示したジュールによる実験で，そのデータの一例から，(2.9) に示した熱の仕事当量（約 4.18）が未知であるとして，x $(= \text{cal/J})$

$$1 \text{ cal} = x \text{ J}$$

を求めてみよう．（ただし，ジュールはたくさんの実験を行っているので，あくまでもジュールの論文中の 1 つの実験を取り上げて，そのエッセンスと関係諸量の実際の値にも触れながら計算する例題――その意味では原典の一部から数値を引用してはいるもののジュールによる実験の全容を厳密に示したものではない，と理解せよ．）なお，ジュールの実験はヤード・ポンド法および華氏温度目盛に基づく**英熱量** (British thermal unit, 1 Btu = 1.055 kJ) の単位で示されているが，以下の文中では SI 単位系で計算できるよう，数値はまず SI 単位で示した後，( ) 内にオリジナルの単位での数値を参考併記している．

　水をかき混ぜるために 1 個の質量が 13.15 kg (29 lb = 203000 gr) のおもりを同時に 2 個用いたが，中央および左右に 3 箇所ある滑車や軸受における摩擦を相殺するには 0.20 kg (3150 gr) のおもりが必要であったので，これを差し引いた

- 26.11 kg (402850 gr) が，実際に水との摩擦に寄与したおもりの質量

であると補正した．おもりは 1.60 m (5 $\frac{1}{4}$ ft) 降下させた．

　一方，水容器内の水の質量は 5.03 kg (77617 gr) であったが，水からの

熱が伝わる実験装置の熱容量も含めると，5%ほど増えた

- 5.27 kg (81355 gr) が，温度上昇に関与する等価的な水の質量

であると見積もった.

　この 1 回の降下実験で観測される温度上昇はわずかであったので，降下実験を 20 回繰り返したときの全温度上昇を測定した. その結果（20 回で 1 セットとする実験を 9 セット繰り返した場合の平均値として），

- 降下距離の 20 回分合計は 32.1 m (1265 in)
- 全温度上昇は 0.371 K (0.668 °F)

を得た. なお，水容器から周囲の空気や下方の台に逃げる熱損失については，おもりを降下させない場合の測定結果に基づいて補正し，全温度上昇値に反映済みである.

　この実験条件における 1 g の水を 1 ℃上昇させるのに必要な熱量を 1 cal として，上記のデータから仕事当量 x (= cal/J) を求めよ. なお，重力加速度を $g = 9.81$ m/s^2 とする.

第3章 基本的な関係式と状態変化 —熱力学第1法則(2)—

3.1 熱力学第2法則に向かう前に

熱力学第0法則と熱力学第1法則を説明したら，次は**熱力学第2法則** (the second law of thermodynamics) と予想する読者も少なくないだろう．しかし，ニュートン力学における3法則（慣性の法則，運動の法則，作用・反作用の法則）などとは異なり，多年にわたる試行錯誤を経て確立し大きな普遍性を有する熱力学の諸法則は，種々の概念を1つずつ積み上げていかないと理解はむずかしい．そこで本章では，まず物質の**性質** (property) を具体的に導入することにより，第1法則の枠組みの中で基本概念を説明していく．

3.2 ボイル–シャルルの法則と理想気体

熱力学の対象となる物質を理解する基礎情報の第一歩として重要になるのは，物質の体積が温度や圧力などを用いてどのように表現できるかという**状態方程式** (equation of state) である．

ここでは，状態方程式が比較的簡単な形で表される身近な気体を対象として説明しよう．1662年に英国の**ボイル** (Robert Boyle, 1627–1691) は「温度が一定のとき気体の体積は圧力に反比例する」というボイルの法則[20]

$$pV = 一定 \quad （ただし \theta 一定のとき） \tag{3.1}$$

を見出した（図 3.1）．

---

[20] ボイルの法則の本当の発見者は誰かというのは相当込み入っていて，フランスでは**マリオット** (Edme Mariotte, ca 1620–1684) の法則ともよばれる．

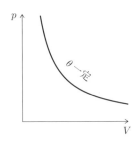

図 3.1　ボイルの法則

　一方，フランスの**アモントン** (Guillaume Amontons, 1663–1705) は気体の体積が温度によって変わることに注目して温度計を製作したが，温度目盛が確立する以前であったので定量性はなかった．華氏温度目盛や摂氏温度目盛が導入された後, 1783 年に水素を詰めた気球で初飛行したフランスの**シャルル** (Jacques Charles, 1746–1823) は, 1780

図 3.2　ゲイ＝リュサック

年代に気体の体積と温度の関係を調べたが，その結果を公には報告しなかった．1802 年, 同じくフランスの**ゲイ＝リュサック** (Joseph Gay-Lussac, 1778–1850, 図 3.2) は，各種の気体についてさらに定量的な測定を行い，大気圧下（圧力一定条件）で水の沸点 (100 ℃) における体積 V_{100} は，水の氷点 (0 ℃) における体積 V_0 の 1.375 倍 [21] であることを確認するとともに，シャルルが自身よりも 15 年前に同様の性質を明らかにしていることを紹介した．その結果，気体の体積の温度依存性は今日**シャルルの法則** (Charles's law) とよばれて，前述のボイルの法則とよく対にされる．ただし，本書においては温度（目盛）の定義をまだ明確に説明していないので，シャルルの法則を式で表現するのは少し待つことにしよう．

　第 7 章で詳述するように，気体は温度・圧力条件によっては液体に変化（液化）するが，そのような条件から離れた状態——ミクロには個々の分子が他の

---

[21] これは実際にゲイ＝リュサックが得た値であるが，精度の高い測定によると 1.3661 である．

分子の影響を受けず自由に運動している状態——では，ボイルの法則やシャルルの法則によく従う．そこで，そのような性質を示す気体があるとして**理想気体** (ideal gas) とよぶ．なお，「理想」という表現を用いたものの，日常的に扱う気体は液化条件付近を除いて十分に理想気体と考えてよい．

3.3 温度（その2）：理想気体温度

理想気体の状態方程式を一義的に表すことにするための第一歩として，状態方程式に用いる温度を定めることが重要になるが，このためには前述のゲイ＝リュサックの得た結果を利用することができる．すなわち，図 3.3 のように，横軸に摂氏温度目盛，縦軸に気体の体積 V と V_0 の比をとり，V_{100} と V_0 の2点を結んだ直線を $V/V_0 = 0$ のところまで外挿してみると，$-273.15\,℃$ となる（ゲイ＝リュサックが得た前述の値 1.375 に基づくと $-267\,℃$ であるが，脚注 21 に示した値に従って訂正した）[22]．

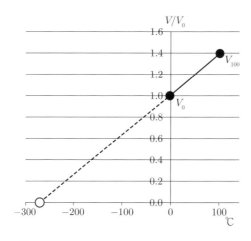

図 3.3 ゲイ＝リュサックの法則（大気圧下）

---

[22] V_{100} と V_0 の2点を単に結んだ直線を，その2倍以上の範囲にわたって低温側に外挿するのは荒っぽくて厳密性に欠け，しかも気体を低温にすると液化することを知っている現代人の目からは，図示したようなグラフはとりわけ低温域で実現象から外れることは直感的にわかる．しかし，上述したように，少なくとも常温以上の気体に対しては，このような外挿から得られた関係は比較的よく成り立ち，以後の熱力学研究の基礎として一定の役目を果たしてきたといえる．

このような直線的外挿により気体の体積が仮想的に0となる氷点下の値を基準として,摂氏温度のゼロ点をマイナス方向に273.15℃だけオフセットした温度目盛を定義することができるので,これを**理想気体温度** (ideal-gas temperature) とする.すなわち $p=$ 一定のとき

$$T \propto V \quad (p \text{一定のとき}) \tag{3.2}$$

として定義する.したがって,本来は理想気体温度目盛というのが適切であるが,この温度目盛は 4.7 節で述べるように**熱力学的温度**と表面的には同じ式に帰着するため,熱力学諸法則の枠組みの中で十分な役割を果たすことができるので,本書では単に理想気体温度とよび,記号も単位も熱力学的温度と同じ T および K とする.すなわち,

$$\frac{T}{\mathrm{K}} \equiv 273.15 \times \frac{V}{V_0} = \frac{t_\mathrm{C}}{\text{℃}} + 273.15 \tag{3.3}$$

とする.なお,(3.2) の両辺を入れ替えて,「圧力が一定のとき気体の体積は理想気体温度に比例する」という次式

$$V \propto T \quad (p \text{一定のとき}) \tag{3.4}$$

が前述のシャルルの法則である.ただし,上記したような定式化の経緯から**ゲイ＝リュサックの法則** (Gay-Lussac's law) ともよびうるものである.なお,他に英国の**ドルトン** (John Dalton, 1766–1844) なども独立に同様の法則を見出していた.ゲイ＝リュサックの時代も熱力学的温度の概念はまだなかったが,このように気体の体積に関係づける温度（目盛）として熱力学的温度に相当する温度が熱学史上に登場した.

3.4 理想気体の状態方程式

以上で,温度（目盛）の定義は明確になったが,理想気体の具体的な状態方程式を求めるためには物質量の基準が必要であるので,このためには化学の視点からの知見が重要となる.1802 年にドルトンは,**倍数比例の法則** (law of multiple proportions) を発見し,その延長線上で**原子論** (atomic theory) を提唱した.さらに 1808 年にゲイ＝リュサックは**気体反応の法則** (law of gaseous reaction) を発見した．そして 1811 年，イタリアの**アボガドロ** (Amedeo Avogadro, 1776–1856) は気体反応の法則と原子論に基づいて「同じ温度・圧力・体積の下ですべての気体は同数の分子からなる」という**アボガドロの仮説** (Avogadro's hypothesis) を提唱した．（この仮説は後に正しいことがわかり，1 mol[23] 当たりの分子数，すなわち**アボガドロ数** (Avogadro number) が約 6.02×10^{23} とされた.）現在の SI 単位系では定義された定数である**アボガドロ定数** (Avogadro constant)＝厳密に $6.02214076 \times 10^{23}\,\mathrm{mol}^{-1}$ にその値が含まれている．この結果，物質量 n（単位 mol）の気体につき

$$pV \propto n \tag{3.5}$$

と表される．

(3.1), (3.4), (3.5) の関係から，比例定数 R を用いて，理想気体の状態方程式が次のように表現できる．

$$pV = nRT \tag{3.6}$$

ここで，R は**普遍気体定数** (universal gas constant)[24] とよび，

$$R = 8.314\ \mathrm{J/(mol\ K)} \tag{3.7}$$

である．さらに，普遍気体定数をアボガドロ定数 N_A で割った

$$k = \frac{R}{N_\mathrm{A}} = 1.380649 \times 10^{-23}\ \mathrm{J/K} \tag{3.8}$$

は，**ボルツマン定数** (Boltzmann constant)[25] とよばれ，マクロな議論に限定する本書では対象外とするが，分子単位のミクロな議論をする場合には不可欠

---

[23] mol は物質量の SI 単位であり，2018 年の改定で，1 mol には厳密に $6.022\ 140\ 76 \times 10^{23}$ の要素粒子が含まれるとされた．この数はアボガドロ定数 N_A を単位 mol^{-1} で表したときの数値であり，アボガドロ数とよばれる．系の物質量（記号は n）は，特定された要素粒子の数の尺度である．要素粒子は，原子，分子，イオン，電子，その他の粒子，あるいは，粒子の集合体のいずれであってもよい．[国際単位系 (SI) 第 9 版 (2019) 日本語版より]

[24] 工業的には実際の気体を対象とすることが多いので，(3.6) の普遍気体定数を 1 kmol 当たりの個々の気体の質量 M kg/kmol で除した，気体ごとに異なる値を**気体定数** (gas constant) とよぶこともあるため，「普遍」という語を追加した．しかし，物理の分野では普遍気体定数を単に気体定数とよぶことが多いので，前後の文脈に注意して判断してほしい．

[25] ボルツマン (Ludwig Boltzmann, 1844–1906) はオーストリア出身．本書の範囲外であるが，気体分子運動論や統計力学を研究した．ボルツマン定数は，4.7 節で述べるように，SI の 2018 年の改定で温度の単位 K を決めるための定数として値が確定された．

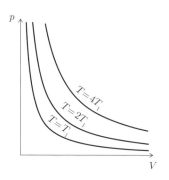

図 3.4　理想気体における等温線

になる.

　なお，理想気体の等温線を p-V 図で表すと，図 3.4 のように双曲線となり，温度が増加すると上方に移動する.

3.5　状態量の間の関係と微分演算

　理想気体の状態方程式 (3.6) から変形すると

$$p = \frac{nRT}{V}, \quad T = \frac{pV}{nR}, \quad V = \frac{nRT}{p} \tag{3.9}$$

となるように，理想気体におけるある状態量は，他の 2 つの状態量で規定されることがわかる．そして，

$$p = p(T, V), \quad T = T(V, p), \quad V = V(p, T) \tag{3.10}$$

のような 3 つの状態量の間の関係は，理想気体に限ったことではなく，液体でも一般に成り立つことが実験的に確かめられている．（なお，一般に，固体では気体や液体のように等方的でないので，このような関係は成り立たず，その状態方程式は本書では対象外とする.）

　そこで，3 つの状態量を $x(y, z)$, $y(z, x)$, $z(x, y)$ で表すことにし，それらの微小変化に関する数学的な準備をしよう．図 3.5(a) は x と y を独立変数とする関数 $z(x, y)$ を立体表示したものであり，図 3.5(b) は点 (x, y) 付近での微小変

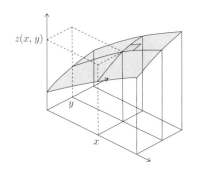

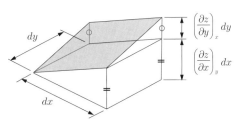

(a) 関係 $z(x, y)$ の立体表示 (b) 点 (x, y) 付近での微小変化（線形近似）

図 3.5 2 つの変数の関数として表される場合の偏微分

化を線形近似して拡大したものである.

ここで, (x, y) から $(x + dx, y + dy)$ に変えたときの z の変化は

$$dz = \left(\frac{\partial z}{\partial x}\right)_y dx + \left(\frac{\partial z}{\partial y}\right)_x dy \tag{3.11}$$

と書ける. dz を z の（完）**全微分** (total derivative) とよび, 一方, 右辺の第 1 項と第 2 項に現れる

$$\left(\frac{\partial z}{\partial x}\right)_y \equiv \lim_{\Delta x \to 0} \left.\frac{\Delta z}{\Delta x}\right|_{y=\text{一定}}, \quad \left(\frac{\partial z}{\partial y}\right)_x \equiv \lim_{\Delta y \to 0} \left.\frac{\Delta z}{\Delta y}\right|_{x=\text{一定}}$$

を, それぞれ x と y に関する**偏微分** (partial derivative) とよぶ. 図 3.5(b) に示すように, x に関する偏微分は x 軸方向に沿った z の勾配, y に関する偏微分は y 軸方向に沿った z の勾配であり, これらに微小長さ dx と dy をそれぞれ乗じると, 記号 (=) および (○) をつけた線分の長さになることが理解できる.

このような微分形で表すと, たとえば x という変数を一定に保つ微小変化なら, その微小変化について $dx = 0$ とおくことと等価になる.

偏微分について, 以下のような関係式が成り立つ.

$$\left[\frac{\partial}{\partial y}\left(\frac{\partial z}{\partial x}\right)_y\right]_x = \left[\frac{\partial}{\partial x}\left(\frac{\partial z}{\partial y}\right)_x\right]_y \tag{3.12}$$

$$\left(\frac{\partial x}{\partial y}\right)_z = 1 \left/ \left(\frac{\partial y}{\partial x}\right)_z \right. \tag{3.13}$$

さらに，(3.11) で z を一定として偏微分する場合を考えて，左辺 $dz = 0$ とおくと

$$0 = \left(\frac{\partial z}{\partial x}\right)_y \left(\frac{dx}{dy}\right)_{dz=0} + \left(\frac{\partial z}{\partial y}\right)_x = \left(\frac{\partial z}{\partial x}\right)_y \left(\frac{\partial x}{\partial y}\right)_z + \left(\frac{\partial z}{\partial y}\right)_x$$

となり，これに (3.13) を用いて変形すると

$$\left(\frac{\partial x}{\partial y}\right)_z \left(\frac{\partial y}{\partial z}\right)_x \left(\frac{\partial z}{\partial x}\right)_y = -1 \tag{3.14}$$

が得られる．（右辺にマイナスがついていることに注意．）

3.6   定積熱容量と定圧熱容量

前節で述べた微分関係式を用いることによって熱力学の基本的な量がどのように表現されていくかを，まず熱容量

$$C_{条件} \equiv \left(\frac{d'Q}{dT}\right)_{条件} \tag{2.6}$$

の例から理解してみよう．熱力学第 1 法則の微分形は，準静的変化の場合

$$dU = d'Q - p\,dV \quad （準静的変化） \tag{2.8}$$

と表されるので，$d'Q$ だけが左辺になるように移項すると

$$d'Q = dU + p\,dV \quad （準静的変化） \tag{3.15}$$

となる．この両辺を dT で割れば，

$$C = \frac{d'Q}{dT} = \frac{dU + p\,dV}{dT} \tag{3.16}$$

が求められ，熱容量には内部エネルギーの変化分と体積の変化分に基づく要素があることがわかる．ただし，変化の道筋はいろいろあるので，極限的な 2 つの場

合, すなわち圧力変化はあるが体積が一定の定 (等) 積過程 (isochoric process, $dV = 0, dp \neq 0$) と, 体積変化はあるが圧力が一定の定 (等) 圧過程 (isobaric process, $dV \neq 0, dp = 0$) を考えてみよう.

そのためにまず, 内部エネルギー U の書き換えを行おう. 内部エネルギーは, 2 つの状態量の関数としてどのようなものを選んでもよいが, 熱容量の検討には温度 T の関数であることが必須なので, ひとまず $U(T, V)$ の場合に式展開を考えてみる.

$$dU = \left(\frac{\partial U}{\partial T}\right)_V dT + \left(\frac{\partial U}{\partial V}\right)_T dV \tag{3.17}$$

と表されるので

$$d'Q = dU + p\,dV = \left(\frac{\partial U}{\partial T}\right)_V dT + \left(\frac{\partial U}{\partial V}\right)_T dV + p\,dV$$

$$= \left(\frac{\partial U}{\partial T}\right)_V dT + \left[\left(\frac{\partial U}{\partial V}\right)_T + p\right] dV \tag{3.18}$$

より

$$C = \frac{d'Q}{dT} = \left(\frac{\partial U}{\partial T}\right)_V + \left[\left(\frac{\partial U}{\partial V}\right)_T + p\right] \frac{dV}{dT} \tag{3.19}$$

と表される.

定積過程

定積熱容量 (heat capacity at constant volume) は (3.19) で $dV = 0$ として, 次のようになる. (ただし, 以下の (3.20) を導くだけなら (3.16) で $dV = 0$ とおけばよい.)

$$C_V \equiv \left(\frac{d'Q}{dT}\right)_V = \left(\frac{\partial U}{\partial T}\right)_V \quad (V \text{ 一定のとき}) \tag{3.20}$$

なお, 定積熱容量の (3.20) を (3.17), (3.18), (3.19) に代入することにより, 以下の関係が一般に成立する.

$$dU = C_V\,dT + \left(\frac{\partial U}{\partial V}\right)_T dV \tag{3.17'}$$

$$d'Q = C_V\,dT + \left[\left(\frac{\partial U}{\partial V}\right)_T + p\right] dV \tag{3.18'}$$

$$C = \frac{d'Q}{dT} = C_V + \left[\left(\frac{\partial U}{\partial V} \right)_T + p \right] \frac{dV}{dT} \tag{3.19'}$$

定圧過程

定圧過程では，(3.18') の右辺第2項にかかっている dV を dp に書き換える工夫をして，$dp = 0$ を適用できるようにしたい．そこで $V(T, p)$ とすれば

$$dV = \left(\frac{\partial V}{\partial T} \right)_p dT + \left(\frac{\partial V}{\partial p} \right)_T dp \tag{3.21}$$

なので，定圧過程 $(dp = 0)$ では

$$dV = \left(\frac{\partial V}{\partial T} \right)_p dT \quad (p \text{一定のとき}) \tag{3.22}$$

である．これを (3.18') に代入して

$$d'Q = C_V \, dT + \left[\left(\frac{\partial U}{\partial V} \right)_T + p \right] \left(\frac{\partial V}{\partial T} \right)_p dT \quad (p \text{一定のとき}) \tag{3.23}$$

となる．したがって，**定圧熱容量** (heat capacity at constant pressure) は次のように表される．

$$C_p \equiv \left(\frac{d'Q}{dT} \right)_p = C_V + \left[\left(\frac{\partial U}{\partial V} \right)_T + p \right] \left(\frac{\partial V}{\partial T} \right)_p \tag{3.24}$$

$$C_p - C_V = \left[\left(\frac{\partial U}{\partial V} \right)_T + p \right] \left(\frac{\partial V}{\partial T} \right)_p \tag{3.25}$$

定圧熱容量は定積熱容量に右辺第2項が付加されて，複雑な式になっている．なお，後で確認できるように，(3.25) の右辺は通常は正の値となるため，定圧熱容量の方が定積熱容量よりも大きい．これは圧力一定の条件では熱を加えることにより物質は膨張して外部に仕事をする分，熱容量が大きくなることに対応している．

▌ 3.7　定圧変化を簡単に表現できるエンタルピー

前節で定積変化 $(dV = 0)$ を考えた場合，(3.15) は

$$d'Q = dU \quad (V \text{ 一定のとき})$$

と簡単に表せたので，定積熱容量も内部エネルギーを用いて簡単な式で表すことができた．定圧変化 $(dp = 0)$ の場合に，同様に簡単な式で表されるような内部エネルギーに代わる状態量がないだろうか．その答えは，内部エネルギー U に pV を加えた量（U も p も V も状態量なのでやはり状態量）である**エンタルピー** (enthalpy)

$$H \equiv U + pV \tag{3.26}$$

である．その数学的導入は 6.2 節に述べることにして，ここではそのご利益を先に確認することにしよう．

定圧変化 $(dp = 0)$ の場合には

$$dH = dU + d(pV) = dU + p\,dV + V\,dp$$
$$= dU + p\,dV \quad (p \text{ 一定のとき}) \tag{3.27}$$

ゆえ，(3.15) は

$$d'Q = dH \quad (p \text{ 一定のとき}) \tag{3.28}$$

と簡単に表せる．

したがって，ただちに定圧熱容量は

$$C_p \equiv \left(\frac{d'Q}{dT}\right)_p = \left(\frac{\partial H}{\partial T}\right)_p \quad (p \text{ 一定のとき}) \tag{3.29}$$

と表せ，定積熱容量の (3.20) と対をなしていることがわかる．

なお，（定圧条件に限らず）一般的には，(3.15) は (3.27) の 1 行目より

$$d'Q = dH - V\,dp \tag{3.30}$$

となる．

以上のような形式的対応から，表 3.1 に内部エネルギーとエンタルピーを対比して示す．定積あるいは定圧での変化のそれぞれで，外部から入る熱が内部エネルギーの差あるいはエンタルピーの差に等しいことを**ヘス** (Germain Hess, 1802–1850) **の法則**とよぶ．

表 3.1　内部エネルギーとエンタルピーの対比

	内部エネルギー U	エンタルピー H
熱についての表式	$d'Q = dU + p\,dV$	$d'Q = dH - V\,dp$
関係する熱容量	$C_V = \left(\dfrac{\partial U}{\partial T}\right)_V$	$C_p = \left(\dfrac{\partial H}{\partial T}\right)_p$
特別な条件での変化 （Hess の法則）	$Q = U_2 - U_1$　（定積変化）	$Q = H_2 - H_1$　（定圧変化）

3.8　物質の圧縮と膨張

　ここで，一般的な物質の圧縮と膨張に関する関係式を導いておこう．まず体積を $V(p, T)$ と考えると

$$dV = \left(\frac{\partial V}{\partial p}\right)_T dp + \left(\frac{\partial V}{\partial T}\right)_p dT \tag{3.31}$$

であるが，**等温圧縮率** (isothermal compressibility) κ（カッパ）[26]，すなわち，温度を一定に保って圧力だけを変化させた場合の体積の変化率（一般に圧力が増えると体積が減るので，負の符号をつけて正の値になるように定義した）

$$\kappa \equiv -\frac{1}{V}\left(\frac{\partial V}{\partial p}\right)_T \quad (T\ \text{一定のとき}) \tag{3.32}$$

と，**体膨張率** (volume expansivity) β（ベータ），すなわち，圧力を一定に保って温度だけを変化させた場合の体積の変化率

$$\beta \equiv \frac{1}{V}\left(\frac{\partial V}{\partial T}\right)_p \quad (p\ \text{一定のとき}) \tag{3.33}$$

を定義すると，(3.31) より

$$\frac{dV}{V} = -\kappa\,dp + \beta\,dT \tag{3.34}$$

---

[26] 温度が一定（英語で isothermal）の変化について，定積変化や定圧変化と同様に「定温」変化と表記してもよい．ただ，日本語ではおそらく発音上での「低温」との混同を避けるためと推察するが，「等温」変化が定着しているので，本書でもその慣用に従うことにする．逆に，定積変化や定圧変化を「等積」変化や「等圧」変化と表記してもよいことは，すでに 3.6 節で示した．

となる. そこで, 物質の体積を一定にしたまま温度を上げると圧力がどのように変わるかというと, 上式で $dV = 0$ とおけば

$$\left(\frac{\partial p}{\partial T}\right)_V = \frac{\beta}{\kappa} \quad (V \text{ 一定のとき}) \tag{3.35}$$

となるので, κ と β の値が既知であれば求めることができる.

3.9 理想気体における状態変化

本章では 3.2 節から 3.4 節を除いて一般の物質 (気体や液体) に対する熱力学関係式を展開してきたが, 以下では気体, しかも状態方程式 (3.6) に従う理想気体の場合を考えよう.

3.9.1 ジュールの実験

熱力学関係式を展開する前に, 理想気体の内部エネルギーに関連する歴史的な実験について述べておこう. ジュールは気体の構造も熱の本質もよくわからなかった時代に, 図 3.6 のような空気の膨張と圧縮による温度変化を調べる実験も行った [27].

これは, 水槽に同体積の 2 つの容器を沈めて, 左側は約 22 気圧, 右側は真空にしておき, 両者の間の栓を開くという一瞬の実験である. この場合, 一瞬の現象——すなわち熱が伝わる時間がないので断熱条件 ($d'Q = 0$) が満たされている. さらに, 気体は容器内部で閉じていて, 外に対して仕事をしない ($d'W = 0$) ので自由膨張 (free expansion) とよぶ. その結果として, 水の温度変化はジュールの測定精度内では観測されなかったので, これが正しいならば, 気体の温度変化がなかったことになる. よって, 熱力学第 1 法則 $dU = d'Q + d'W = 0$ から, 内部エネルギーは一定で

$$\left(\frac{\partial T}{\partial V}\right)_U = 0 \quad \begin{array}{l}\text{(内部エネルギーが一定なら,} \\ \text{温度は体積によらない)}\end{array} \tag{3.36}$$

が導かれる. (3.36) を 3.4 節で述べた理想気体の性質とみなすことにする. ただし, その導出の基礎とした本実験では, 精度を求めるのが装置の熱容量の制

---
[27] ゲイ=リュサックも, 1806 年に目的は異なるが, 同様の系で実験を行っていた.

図 3.6 ジュールの実験（自由膨張）

約から原理的に（図2.4の流体摩擦の実験以上に）極めてむずかしい．そこで，
この実験に関するさらなる検討は7.2.1項で行うことにしよう．

3.9.2　定積熱容量と定圧熱容量の関係

状態変化を考えるための出発点として，定積熱容量と定圧熱容量の関係式
(3.25)

$$C_p - C_V = \left[\left(\frac{\partial U}{\partial V} \right)_T + p \right] \left(\frac{\partial V}{\partial T} \right)_p$$

を考えよう．

まず，(3.25) の右辺にある

$$\left(\frac{\partial U}{\partial V} \right)_T$$

については，(3.36) に偏微分の公式 (3.14) を適用することにより

$$\left(\frac{\partial U}{\partial V} \right)_T = - \left(\frac{\partial U}{\partial T} \right)_V \left(\frac{\partial T}{\partial V} \right)_U = 0 \tag{3.37}$$

となる．すなわち，**理想気体の内部エネルギーは温度が一定ならば体積によら
ない**．ただし，ここでは (3.36) に基づいて導いたという点で先と同様に若干の
不確かさを有しているので，(3.37) が理想気体について問題なく成り立つこと
は6.5節で補足する．

(3.25) に，(3.37) と状態方程式 (3.6) を代入すると

$$C_p - C_V = (0 + p) \left(\frac{\partial V}{\partial T} \right)_p = nR \tag{3.38}$$

つまり，理想気体の場合，1 mol 当たりの定圧熱容量と定積熱容量の差は気体定数 R に等しい．これを**マイヤーの関係** (Mayer relation) とよぶ．

ここで**熱容量比** (heat capacity ratio) γ（ガンマ）

$$\gamma \equiv C_p/C_V \tag{3.39}$$

を導入すると，

$$C_V = \frac{1}{\gamma - 1}nR, \quad C_p = \frac{\gamma}{\gamma - 1}nR \tag{3.40}$$

と表すことができる．

3.9.3 定積・定圧・等温・断熱の各変化

以下では，理想気体が準静的変化をする場合の状態量，仕事，熱についてみておこう．すなわち，

理想気体の状態方程式

$$pV = nRT \tag{3.6}$$

準静的過程における仕事に関する式

$$d'W = -p\,dV \tag{2.7}$$

準静的過程における熱，仕事，内部エネルギー，エンタルピーの間の関係式

$$d'Q = dU + p\,dV = dH - V\,dp \tag{3.15}, \tag{3.30}$$

に基づいて，状態 1 から状態 2 に変化する場合につき，上記の微分関係式を積分することにより求める [28]．

---

[28] 状態量の関係式を状態 A から状態 B の間で積分するためには，**区分求積法**，すなわち状態 1 $(x_{\mathrm{A}}) \rightarrow$ 状態 2 (x_{B}) において，n を整数として微小区間 $\Delta x = (x_{\mathrm{B}} - x_{\mathrm{A}})/n$ で任意関数 $f(x)$ を短冊状に区切って

$$\sum_{j=1}^{n} f(x_j)\Delta x \quad \text{ここで} \quad x_j = x_{\mathrm{A}} + j \cdot \Delta x$$

のような和を計算し，その $n \rightarrow \infty$ の極限として以下の積分を求める．

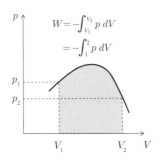

図 3.7 p-V 図上での仕事

なお，以下では簡単のため，

C_V も C_p も温度によらず一定とする [29]

ことにより，それぞれ体積一定あるいは圧力一定の条件での積分操作の際には
積分記号の外に出すことにする.

ここで，脚注 28 に述べた積分操作とも関連して，状態変化を考える際にと
りわけ重要な p-V 図について述べておこう. 図 3.7 に示すように，系の p と V
の関係が図中の実線で表されるとき，状態 1 から状態 2 に変化する場合の仕事
W，すなわち $-p\,dV$ を積分した値（絶対値）は，図中で灰色部の面積で表さ
れる.

定（等）積変化 $(V_1 = V_2 = V)$

これは，体積不変の容器に理想気体が封入された場合の変化である. このと
きの圧力の変化は状態方程式 (3.6) より

$$p_2 - p_1 = \frac{nRT_2}{V} - \frac{nRT_1}{V} = \frac{nR}{V}(T_2 - T_1) \tag{3.41}$$

$$F_{12} = \int_{x_A}^{x_B} f(x)dx$$

ただし，以下では積分範囲の表示として $F_{12} = \int_1^2 f(x)dx$ のように（状態を表す）添字の記
号や番号で簡略に記すことにする（図 3.7 参照）.

[29] 付録 C で空気の定圧熱容量（比熱容量）の温度依存性を示すように，この近似は比較的よくあ
てはまる.

であるから，温度が上昇すれば圧力が上がる．

仕事は，図 3.8(a) に示すように体積変化がないので (2.7) より

$$W_{12} = - \int_1^2 p \, dV = 0 \tag{3.42}$$

であり，気体が吸収した熱すべてが内部エネルギーの変化になる．熱は (3.15) より

$$Q_{12} = U_2 - U_1 = \int_1^2 C_V \, dT = C_V(T_2 - T_1)$$
$$= \frac{nR}{\gamma - 1}(T_2 - T_1) = \frac{1}{\gamma - 1}(p_2 V_2 - p_1 V_1) \tag{3.43}$$

である．なお，(3.43) より，理想気体の内部エネルギーは積分定数を含めて

$$U = C_V T + 定数 \tag{3.44}$$

と表すことができる．

定（等）圧変化 ($p_1 = p_2 = p$)

これは，たとえば，可動ピストンを有するシリンダー内に理想気体が封入され，外圧が一定の場合の変化である．

このときの体積の変化は状態方程式 (3.6) より

$$V_2 - V_1 = \frac{nRT_2}{p} - \frac{nRT_1}{p} = \frac{nR}{p}(T_2 - T_1) \tag{3.45}$$

であるから，温度が上昇すれば体積が増える．

仕事は図 3.8(b) に示すように圧力変化がないので (2.7) より

$$W_{12} = - \int_1^2 p \, dV = -p \int_1^2 dV = -p(V_2 - V_1) = -nR(T_2 - T_1) \tag{3.46}$$

であり，熱は (3.30) より

$$Q_{12} = \int_1^2 C_p \, dT = C_p(T_2 - T_1) = H_2 - H_1 \tag{3.47}$$

である．

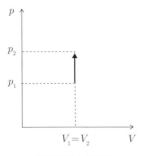

(a) 定積変化と仕事 (＝0)

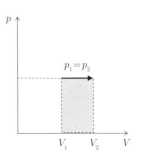

(b) 定圧変化と仕事（灰色部）

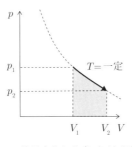

(c) 等温変化と仕事（灰色部）

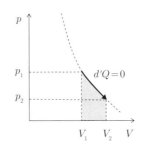

(d) 断熱変化と仕事（灰色部）

図 **3.8**

等温変化（$T_1 = T_2 = T$, $p_1V_1 = p_2V_2 = $ 一定）

これは，可動ピストンを有するシリンダー内に理想気体を封入した場合に，ピストンを外部から押さえる力を体積に反比例するように調節するときの変化である．

理想気体の内部エネルギーは (3.37) で温度のみの関数であるとしたので

$$U = \text{一定} \tag{3.48}$$

であり，気体が吸収した熱すべてが系外に向けての仕事（図 3.8(c)）に変換される．したがって，(3.6), (2.7), (3.15) より

$$Q_{12} = -W_{12} = \int_1^2 p\,dV = \int_1^2 \frac{nRT}{V}\,dV = nRT \ln \frac{V_2}{V_1}$$
$$= p_1 V_1 \ln \frac{V_2}{V_1} = p_2 V_2 \ln \frac{V_2}{V_1} \tag{3.49}$$

である. 次項に述べる断熱変化もあわせて考えると, 一般に系が外部に仕事を
すると内部エネルギーが減少するが, その減少分をちょうど補うように熱を加
えるのが等温変化である (6.3 節参照).

断熱変化 ($d'Q = 0$)

これは, 系と外界との熱のやりとりを絶った **断熱過程** (adiabatic process)

$$d'Q = 0 \tag{3.50}$$

は極限的な過程である[30]. まず, この場合に体積と圧力がどのような関係で表
されるかを調べてみよう. (3.15) より

$$0 = dU + d'W = C_V\,dT + p\,dV \tag{3.51}$$

内部エネルギーの変化分と微小仕事の和がゼロであるので, 系外からされる仕
事 (図 3.8(d)) は内部エネルギーの増加に等しい. (3.51) の最右辺 (第 3 辺)
における dT を dp と dV で表すことを考えよう. 理想気体の状態方程式 (3.6)
から

$$T = \frac{pV}{nR} \tag{3.52}$$

であるので

$$dT = \left(\frac{\partial T}{\partial p}\right)_V dp + \left(\frac{\partial T}{\partial V}\right)_p dV = \frac{1}{nR}[V\,dp + p\,dV] \tag{3.53}$$

ゆえ, (3.51) の最右辺 (第 3 辺) に代入すると

$$0 = \frac{C_V}{nR}[V\,dp + p\,dV] + p\,dV = \frac{1}{nR}[C_V V\,dp + (C_V + nR)p\,dV]$$
$$= \frac{1}{nR}(C_V V\,dp + C_p p\,dV) \tag{3.54}$$

---

[30] 等温変化や定圧変化は実現象でも容易に起こりえるが, 準静的な断熱変化は概念上の一種の極
限過程であり, 実現象では近似的に断熱変化とみなせるにすぎない.

より

$$\gamma \frac{dV}{V} = -\frac{dp}{p}, \quad \frac{dp}{p} + \gamma \frac{dV}{V} = 0 \tag{3.55}$$

となる（ここで (3.38) と (3.39) を用いた）．これを

$$d(\ln x) = \frac{dx}{x} \tag{3.56}$$

に注意して積分すると

$$pV^\gamma = \text{一定} \tag{3.57}$$

となる．さらに，状態方程式を用いて

$$TV^{\gamma-1} = \text{一定} \tag{3.58}$$

$$\frac{p^{(\gamma-1)/\gamma}}{T} = \text{一定} \tag{3.59}$$

とも表される．このとき

$$W_{12} = -\int_1^2 p \, dV = \int_1^2 dU = U_2 - U_1 = C_V(T_2 - T_1)$$
$$= \frac{nR}{\gamma-1}(T_2 - T_1) = \frac{1}{\gamma-1}(p_2 V_2 - p_1 V_1) \tag{3.60}$$

である．

まとめ

以上述べた理想気体の4つの変化を p-V 図上に示すと図 3.9 のようになる．ここで，等温変化と断熱変化の線の勾配を求めてみると，等温変化の場合は

$$\left(\frac{\partial p}{\partial V}\right)_T = \left[\frac{\partial}{\partial V}\left(\frac{nRT}{V}\right)\right]_T = -\frac{nRT}{V^2} = -\frac{p}{V} \tag{3.61}$$

となる．一方，断熱変化の場合は

$$\left(\frac{\partial p}{\partial V}\right)_{Q=0} = \left[pV^\gamma \frac{\partial}{\partial V}\left(\frac{1}{V^\gamma}\right)\right]_{Q=0} = -\gamma \frac{p}{V} \tag{3.62}$$

となり，$\gamma > 1$ であるため断熱変化（**断熱線**）の方が等温変化（等温線）より急峻になることが確認できる．

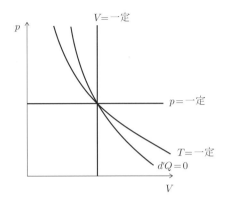

図 3.9　p-V 面上での理想気体の代表的な変化

　なお，定積熱容量や定圧熱容量に対して，等温変化に対する熱容量や断熱変化に対する熱容量などは特に述べてはこなかった．熱容量の定義式 (2.6) に基づくと，等温変化では，熱の系への出入りがあっても $(d'Q \neq 0)$，温度変化がない $(dT = 0)$．したがって，"等温熱容量" は ∞ と考えられる．一方，断熱変化では $d'Q = 0$ であるので，"断熱熱容量" は 0 と考えられる．

章末問題

3.1　3.2 節で述べたように，大気圧下（圧力一定条件）で水の沸点 $(t_C = 100\,℃)$ における体積 V_{100} は，水の氷点 $(t_C = 0\,℃)$ における体積 V_0 の 1.3661 倍である．図 3.3 に示したように，この関係を直線的に外挿すると，体積が 0 になるのは $t_C = -273.15\,℃$ であることを確認せよ．

3.2　理想気体 1 mol が，温度 0 ℃，圧力 1 atm で占める体積を求めよ．

3.3　理想気体の準静的変化を考えよう．初期状態 (p_1, V_1, T_1) からまず断熱圧縮変化をさせて状態 2 (p_2, V_2, T_2) とし，次に等温変化をさせて状態 3 (p_3, V_3, T_3) とし，最後に定圧変化をさせると，初期状態 1 に戻すことができた．このときの変化の様子を p-V 図に示し，V_1, V_2, V_3 の間に成り立つ関係式を求めよ．

第 **4** 章	**熱の特殊性へ** **—熱力学第2法則(1)—**

4.1 熱機関とサイクル

熱力学は，まえがきでも触れたように，宇宙全体の根本原理に関する物理であるとしても過言ではない．しかし，人類の歴史の中では，熱力学は**熱機関** (heat engine，熱を動力に変換する機械) に関する原理を明らかにすることを主題の1つとして発展してきた．そこで，熱力学第1法則から熱力学第2法則に進む前に少し準備をしよう．

熱機関は，機械的な要素（シリンダー，ピストン，断面積変化のある流路など）と，それらの要素において熱の授受に関与する気体や液体などの媒体とで構成され，後者を**作業物質** (working substance) とよぶ．このような熱機関から連続して仕事を取り出すには，一定の作業を行う**サイクル** (cycle)——ある状態から出発して種々の変化をしたのち元の状態に戻ることの繰り返し——が不可欠である．

4.2 永久機関は可能か？

人類にとって昔からの夢だったサイクルの1つは，外部から何のエネルギー（熱）も受け取ることなく，仕事を外部に取り出すことができる熱機関——**第1種永久機関** (perpetual motion machine of the first kind) である．古今を通じて多数の第1種永久機関が提案されてきたが，この夢を打ち砕いたのが前述した熱力学第1法則だ．

熱力学第1法則の (2.5) を1サイクルにわたって積分，つまり周回積分して

みよう．このとき，系の内部エネルギーは最初の値に戻るので左辺は 0 となり

$$0 = \oint dU = \oint d'Q + \oint d'W = Q + W \tag{4.1}$$

が導かれる．さらに外部から熱を受けないときは $Q = 0$ であるので，$W = 0$ となる．すなわち，熱を受け取ることなくしては仕事もなしとなってしまうことが確認できる [31]．

これに対し，もう 1 つの永久機関——ある熱源 [32] から熱エネルギーを取り出し，これをすべて仕事に変換するという**第 2 種永久機関** (perpetual motion machine of the second kind) もまた人類の夢であった．しかし，これの可否は熱力学第 1 法則では議論できない．実は，この問題とも関連して熱機関の**効率** (efficincy) の限界を明らかにしていく努力の中で，熱力学第 2 法則が確立したのであった [33]．

4.3　熱力学の世界が大きく動いた 1850 年前後

物理の基礎概念を理解するのに，それらが確立した歴史的経緯を知ることは必ずしも必要とは限らない．しかし，熱力学の 2 つの法則を理解するには，その確立に至る歴史的経緯も知ることは大いに参考になる．そのエッセンスは表 4.1 のようにまとめられる．熱力学第 1 法則は，熱素説と長い間の格闘を経て確立したことを 2.8 節で述べた．一方，熱力学第 2 法則は，さらに第 1 法則だけでは言い尽くせない熱の特殊性があるとの洞察を経て確立した．どちらも 1850 年前後のことである．

まず，英国に比べて蒸気機関開発に遅れをとったフランスの国力の相対的衰退に危機感を持った若き**カルノー** (Sadi Carnot, 1796–1832) は，エコールポリテクニクを卒業して 10 年後の 1824 年，熱機関の高効率化のための原理的解明を目的として論文を発表した．それが『火の動力，および，この力を発生する

[31) なお，熱力学第 1 法則の確立は 19 世紀中ごろであるが，それに先立ち 18 世紀後半には第 1 種永久機関は不可能ということは，すでに議論され多くの科学者や工学者により認められていた．

[32) 熱源は 1.3 節で定義したものの，以後これまで出てこなかった．しかし，本章以下で熱機関を考える場合に重要な概念で頻出する．

[33) 第 1 種永久機関の存在は熱力学第 1 法則により否定され，第 2 種永久機関の存在は後述するように熱力学第 2 法則により否定される．

表 4.1 第 1 法則と第 2 法則の 4 人の立役者（いずれも 30 歳前後の仕事である。）

	カルノー (1796−1832, 仏)	ジュール (1818−1889, 英)	クラウジウス (1822−1888, 独)	トムソン (1824−1907, 英)
1800	96 生誕			
1810	14 エコールポリテクニク卒業			
1820	24 カルノー論文「考察」			
1830	32 コレラのため没 34 （クラペイロンによる解析的表現）	18 生誕	22 生誕	24 生誕
1840				
1850		47ごろ 熱の仕事当量、おおむね認められる（ただし、仕事⇔熱の双方向対等変換を主張したのは誤り）	50 『考察』知る、第1法則・第2法則 54 第2法則定式化、エントロピー概念萌芽	48 『考察』知る、絶対温度概念萌芽 51 第1法則・第2法則 54 第2法則定式化、絶対温度概念完成
1860	78 （遺稿『覚書』発行）		65 エントロピー概念完成	

のに適した機関についての考察』(以下, 後述の遺稿『覚書』と区別するため, 『考察』とよぶ)である. カルノーの研究は熱素説(熱量保存則)に立脚していたものの重要部分の結論は正しく, 後に第 2 法則の基礎となる. しかし, 不幸にも発表当時はまったく注目されずにカルノーは 8 年後の 1832 年にコレラ[34]のため夭折する. カルノーの死後 2 年後,『考察』発表の 10 年後の 1834 年に, カルノーのエコールポリテクニクでの 3 年後輩にあたる**クラペイロン**(Émile Clapeyron, 1799–1864, 肖像写真は図 8.4)は『考察』に解析的表現を加えた書を発行するが, それに対する反響も限定的であった.

　しかし, ようやく 1846 年に半年間パリに留学した**トムソン**(**ケルビン卿**, 1.6.2 項参照)が, クラペイロンにより紹介された『考察』を知ることにより, 熱力学の大きな展開が始まる. 1848 年になってトムソンは『考察』の原著を入手し, とりわけ絶対温度に関する検討を進めていた. そこへジュールによる熱と仕事の互換性[35](第 1 法則の基礎)が伝えられ, トムソンは衝撃を受けた. つまり, トムソンが信奉していたカルノーの『考察』がベースとする熱素説と, 熱素説を否定するジュールの主張とのジレンマに苦しんだのである. そして, このジレンマを乗り越える鍵は「仕事から熱への変換と, 熱から仕事への変換は, 本質的に異なるのではないか」と考え始める. 一方, トムソンより少し遅れて『考察』に触れたドイツの**クラウジウス**(Rudolf Clausius, 1822–1888)は, ジュールの主張を認めた上でカルノーの主張(主要部分)もともに認める方向で 1850 年に第 1 法則と第 2 法則を提案した. そして, 1851 年にトムソンもわずかに遅ればせながら独立にクラウジウスと同様な 2 つの法則の両立に到達したのである. なお, カルノーは, 後年発見された『覚書』を見ると,『考察』の発行後に熱素説から脱却し熱の仕事当量を求めていた. このことは不可避的に『考察』の理論の修正を迫るので, もしカルノーが夭折しなければ熱力学第 1 法則と第 2 法則にクラウジウスやトムソンより 20 年先んじて到達していたかもしれない.

　熱力学の柱となる 2 つの法則は, それぞれ

---

[34] 1831 年から 1832 年にかけてコレラのパンデミックがあり, フランスだけで 10 万人の死者が出た.

[35] ただし, ジュールは(またヘルムホルツなども)仕事と熱の完全な互換性, すなわち双方向への対等な変換性を主張した点は誤っていた.

- 熱力学第 1 法則：「内部エネルギーを含めたエネルギー保存則——熱と仕事による内部エネルギー変化」
- 熱力学第 2 法則：「熱の特殊性——自然に起きる状態変化の方向」

と要約される．以下では，第 2 法則とその骨格となる概念を歴史に，おおむね対応する順で理解していこう．

4.4　カルノーの原理

カルノーの問題意識は極めて根源的で，

> 熱（素）の動力への変換能力に原理的制約があるのか？　また，作業物質に依存するのか？

というものであった．つまり，高温の熱源から熱機関に取り込まれた熱のうち，どれだけが仕事に変換されたかという割合＝効率の本質について問うものであり，結論を先に示すと，次の**カルノーの原理** (Carnot's principle) に至った．

> 2 つの温度 θ_H，θ_L $(\theta_\mathrm{H} \geq \theta_\mathrm{L})$ の熱源の間に働く可逆熱機関（すべて可逆過程で構成されている熱機関）の効率は，作業物質や変化過程によらず熱源の温度のみの関数である．また，非可逆熱機関の熱効率は，この可逆熱機関の熱効率よりも必ず小さい．

ここでまず，任意の作業物質に対する任意の（仕組みに依存しない）熱機関に対して，高温熱源から流入する熱を Q_H，その熱機関により変換される仕事を W とし，効率 η（イータ）を

$$\eta \equiv \frac{W}{Q_\mathrm{H}} \tag{4.2}$$

と定義する．さらに，任意の作業物質に対する任意の可逆熱機関に対して，高温熱源から可逆熱機関に流入する熱を Q_H，可逆熱機関から低温熱源に捨てる熱を

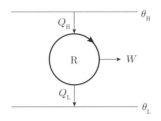

図 4.1　可逆熱機関の模式図

Q_L とすると，可逆熱機関がそれを変換して外部に行う仕事は $W = Q_H - Q_L$ である（損失がないので熱力学第 1 法則より）．したがって，その効率を η_R とすると，上記のカルノーの原理の前半は

$$\frac{W}{Q_H} = \frac{Q_H - Q_L}{Q_H} = 1 - \frac{Q_L}{Q_H} = \eta_R\left(\theta_H, \theta_L\right) \tag{4.3}$$

のように表される．そして，カルノーの原理の後半は

$$\eta\left(\theta_H, \theta_L\right) \leq \eta_R\left(\theta_H, \theta_L\right) \tag{4.4}$$

のように表される．

　ここで，以下での議論を視覚化するために，任意の作業物質に対する任意の可逆熱機関に対して図 4.1 のような表現をすることにしよう．すなわち，(4.3) での記号に対応して，上側の線を温度 θ_H の高温熱源とし，下側の線を温度 θ_L の低温熱源として，この間で作動する熱機関を ◯ で表し時計回りの向きに矢印[36]をつけ，さらに可逆熱機関なので◯の中に R（reversible の意）を記入することにする．

　このカルノーの推論については，4.5 節でまず具体的な可逆熱機関のサイクルを説明した上で，4.6 節で（カルノーが前提とした熱素説に基づく誤りを一部訂正した）トムソン[37]の推論で説明することにする．

---

36) この時計回りの向きは，第 5 章で述べるように，圧力 p（縦軸）-体積 V（横軸）図，あるいは温度 T（縦軸）-エントロピー S（横軸）図で，外に対して正の仕事をするサイクルが変化する方向に対応させた．

37) 10 歳（1934 年）でグラスゴー大学に入学し，21 歳（1845 年）でケンブリッジ大学を卒業したトムソンはパリのルニョー (Henri Regnault, 1810–1878) の研究室に留学した．トムソン

4.5　カルノー熱機関，カルノー・サイクル（理想気体の場合）

第 3 章で理想気体の可逆変化に関する式展開の準備はできているので，まずカルノーの考察の基礎について具体的に考えてみよう．

カルノーの『考察』は熱学史上，極めてオリジナリティーに富むもので，その特徴は以下のように要約される．

- 高温熱源と低温熱源の間で作動し熱を仕事に変換する機械，すなわち熱機関を 4 行程からなる閉じたサイクルとして解析したこと [38]．
- 可逆変化（準静的変化）の概念を導入することにより，その 4 行程からなる状態変化を明確に定式化できるようにするとともに，全行程が可逆変化であるためサイクル全体の逆転も可能であるとしたこと．
- このサイクルの逆転という概念に基づいて，4.6 節で述べるように，トムソンやクラウジウスに引き継がれる新たな論法を導入したこと．

カルノーが想定した 4 つの可逆過程の組み合わせで構成される理想的な熱機関を**カルノー熱機関**とよび，そのサイクルを**カルノー・サイクル** [39] とよぶ．以下では，理想気体を作業物質とするシリンダーとピストンからなる系を考え，カルノーの考察を，（熱素説でなく熱力学第 1 法則に立脚する）現代の視点から具体的に説明しよう．

まず，高温熱源の温度を T_H とし，低温熱源の温度を T_L とすると，高温熱

はルニョーとの共同研究の中で，温度概念を基礎づける理論の曖昧さに問題意識をもっていた．というのも前述したように，たとえば理想気体温度目盛は理想気体の体積と圧力という測定容易な量から温度が求まるので直感的にもわかりやすいが，あくまでも理想気体という特定の作業物質に依存する間接的な定義にすぎないからである．トムソンはカルノーの原理に触れることにより，この問題を熱力学的温度の導入で解決する．このことは，熱力学の発展過程の点からは時間的に前後するが，本章最後の 4.7 節で述べる．

38) カルノーの時代，現実の蒸気機関はもちろんサイクル動作をしていたが，その熱力学的考察をサイクルとして行おうという視点は，カルノー以前になかったといえる．

39) サディ・カルノーの父ラザール・カルノー (Lazare Carnot, 1753–1823) は，ナポレオン時代の内務大臣，数学者，工学者でもあった．ラザールは機械学（とりわけ水車や蒸気機関による動力発生）について研究を深めていたこともあり，サディの熱機関に関する研究は父の研究からの影響が色濃く反映している．高温熱源と低温熱源の間で働く熱機関の発想は，高いところから低いところへ水が落下する際に水車に仕事をさせることとも共通するし，前述の準静的過程についてもやはりアナロジーがある．

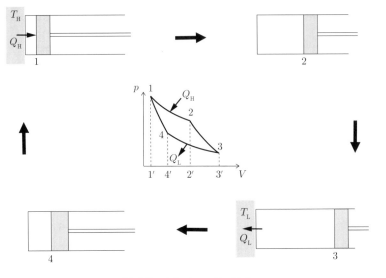

図 4.2　カルノー・サイクル

(高温熱源に対する記号には添字 H, 低温熱源に対する記号には添字 L をつける. V 軸上の
数字 1′, 2′, 3′, 4′ は後述する仕事に相当する面積を示す際に参照する.)

源と接しているときは気体が熱源と同じ温度で熱を得て膨張し, 低温熱源と接
しているときは気体が熱源と同じ温度で熱を捨てて収縮 (以後では圧縮と表現
する) する過程を考える. では, これらの高温過程と低温過程を結ぶには, ど
のような過程が望ましいだろうか. カルノーは, 定積過程でも定圧過程でもな
く, 断熱膨張により圧力と温度が減少し, 断熱圧縮により圧力と温度が増加す
るという 2 つの過程を追加することを考えたのであった. これによって, 等温
過程を開始する前に気体を熱源と同じ温度にして, 準静的な等温過程が可能に
なる. これもカルノーの天才的なひらめきである. つまり, 図 4.2 のような

- 等温膨張 (isothermal expansion) ($1 \to 2$)
- 断熱膨張 (adiabatic expansion) ($2 \to 3$)
- 等温圧縮 (isothermal compression) ($3 \to 4$)
- 断熱圧縮 (adiabatic compression) ($4 \to 1$)

で構成する.

これら 4 つの過程すべてが可逆過程であり, したがってこれらの過程で構成されるカルノー・サイクルも可逆サイクルである.

3.7 節での結果を用いて作業物質が理想気体の場合に各過程における熱量や仕事を整理してみよう. なお, 本章では, 熱 Q も仕事 W も絶対値（正の値）を表すものとして, そのやりとりの向きは符号ではなく言葉で表す.（単に理解のしやすさの点から導入した便宜的な扱いにすぎない.）

過程 1 → 2：等温膨張

理想気体では (3.37) で述べたように, 温度が一定であれば内部エネルギーは一定であり, 高温熱源から気体が吸収した熱すべてが系外に向けての仕事に変換される.（膨張にともなう温度低下を抑えるように熱を吸収する.）したがって

$$Q_{\mathrm{H}} = W_{12} = \int_1^2 p\, dV = \int_1^2 \frac{nRT_{\mathrm{H}}}{V} dV$$
$$= nRT_{\mathrm{H}} \ln \frac{V_2}{V_1} \quad (\text{面積 } 122'1') \tag{4.5}$$

であり, また以下の関係も成り立つ.

$$p_1 V_1 = p_2 V_2 = nRT_{\mathrm{H}} \tag{4.6}$$

過程 2 → 3：断熱膨張

熱の出入りを遮断して膨張するので, 系外に仕事をする分, 内部エネルギーは減少する.

$$W_{23} = -(U_3 - U_2) = U_{\mathrm{H}} - U_{\mathrm{L}} \quad (\text{面積 } 233'2') \tag{4.7}$$

また, 理想気体では (3.57) から (3.59) より

$$\left(\frac{V_3}{V_2}\right)^{\gamma} = \frac{p_2}{p_3} = \left(\frac{T_{\mathrm{H}}}{T_{\mathrm{L}}}\right)^{\frac{\gamma}{\gamma-1}} \tag{4.8}$$

である.

過程 3 → 4：等温圧縮

温度が一定であれば内部エネルギーは一定であり, 系外からされた仕事に相

当する熱が低温熱源に捨てられる.（圧縮にともなう温度上昇を抑えるように熱を放出する.）したがって

$$Q_{\mathrm{L}} = W_{34} = -\int_3^4 p\,dV = -\int_3^4 \frac{nRT_{\mathrm{L}}}{V}dV$$
$$= -nRT_{\mathrm{L}}\ln\frac{V_4}{V_3} = nRT_{\mathrm{L}}\ln\frac{V_3}{V_4} \quad (\text{面積 } 344'3') \tag{4.9}$$

であり，また以下の関係も成り立つ.

$$p_3 V_3 = p_4 V_4 = nRT_{\mathrm{L}} \tag{4.10}$$

過程 4 → 1：断熱圧縮

熱の出入りを遮断して圧縮するので，系外から仕事をされる分，内部エネルギーは増加する.

$$W_{41} = U_1 - U_4 = U_{\mathrm{H}} - U_{\mathrm{L}} = W_{23} \quad (\text{面積 } 411'4') \tag{4.11}$$

また，理想気体では (3.57) から (3.59) より

$$\left(\frac{V_4}{V_1}\right)^\gamma = \frac{p_1}{p_4} = \left(\frac{T_{\mathrm{H}}}{T_{\mathrm{L}}}\right)^{\frac{\gamma}{\gamma-1}} \tag{4.12}$$

である．さらに，(4.8) と (4.12) から

$$\frac{p_1}{p_4} = \frac{p_2}{p_3}, \quad \frac{V_4}{V_1} = \frac{V_3}{V_2} \tag{4.13}$$

となる.

カルノー・サイクルの効率

カルノー・サイクルの熱と仕事の収支から効率 $\eta_{\mathrm{C}}\,(=\eta_{\mathrm{R}})$ を考えよう．まず，カルノー・サイクルが系外にした正味の仕事を W_{net} とすると

$$W_{\mathrm{net}} = W_{12} + W_{23} - W_{34} - W_{41} = W_{12} - W_{34} = Q_{\mathrm{H}} - Q_{\mathrm{L}}$$
$$= nRT_{\mathrm{H}}\ln\frac{V_2}{V_1} - nRT_{\mathrm{L}}\ln\frac{V_3}{V_4} = nR\,(T_{\mathrm{H}} - T_{\mathrm{L}})\ln\frac{V_2}{V_1} \tag{4.14}$$

すなわち，(4.7) と (4.11) により2つの断熱過程は相殺し，高温熱源から流入した熱と低温熱源に放出した熱の差が正味の仕事となる．熱力学第1法則の当然の帰結でもある．

したがって，熱機関の効率としては正味の仕事 (4.14) を高温熱源から流入した熱量 Q_H (4.5) で割ることにより

$$\eta_C = \frac{W_{\mathrm{net}}}{Q_H} = \frac{Q_H - Q_L}{Q_H}$$

$$= \frac{nR\,(T_H - T_L)\ln\dfrac{V_2}{V_1}}{nRT_H \ln\dfrac{V_2}{V_1}} = \frac{T_H - T_L}{T_H} = 1 - \frac{T_L}{T_H} \tag{4.15}$$

すなわち，理想気体を使うカルノー・サイクルの効率は高温熱源と低温熱源の温度だけの関数で表されることがわかった．なお，理想気体の状態方程式に基づいて理論展開したので，ここでの温度 T は理想気体温度目盛の温度であり，後で導入する熱力学温度とは定義が異なるものであることに注意が必要である．

4.6 熱力学第1法則と相補う熱力学第2法則の確立

4.6.1 クラウジウスの原理とトムソンの原理

本書の早い段階，2.4 節と 2.5 節で熱力学第1法則について述べたが，実は，4.3 節で歴史的経緯について説明したように，厳密には，熱力学第1法則は本節で述べる熱力学第2法則と相補うかたちでほぼ同時に確立したというべきである．つまり，1820 年代のカルノーの独創的な考察（熱素説に基づくものの熱力学第2法則の理論的裏付け）と，1840 年代のジュールによる熱と仕事の間の変換の確認（熱力学第1法則の基礎となる実験的裏付け）を，1850 年ごろクラウジウスとトムソンが，それぞれ内部エネルギーの概念を導入し矛盾なく統合したのが熱力学第1法則と第2法則なのである．

一般に，熱力学第2法則とよばれるのは，**クラウジウスの原理** (Clausius's principle) と**トムソンの原理** (Thomson's principle) である．クラウジウスとトムソンは独立に熱力学第2法則に至ったので，その表現には2とおりある．

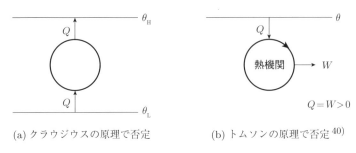

(a) クラウジウスの原理で否定　　　　(b) トムソンの原理で否定[40]

図 4.3　熱力学第 2 法則で不可能とされる状況

クラウジウスの原理（Clausius's principle, 1850 年）

低温の物体から熱を高温の物体へ移動させて，それ以外にいかなる
変化も残さないようにすることは不可能である．

トムソンの原理（Thomson's principle, 1851 年）

ある物体から取った熱のすべてを仕事に変えて，（一度だけでなく）
繰り返し行うことは不可能である．

これらで不可能とされる状況を，図 4.1 で説明したような模式図で示すと，そ
れぞれ図 4.3(a)(b) のようになる．

> **コラム：熱力学第 2 法則の 2 つの表現を原文（英文）で味わってみよう**
>
> クラウジウスの原理の英文（クラウジウスの一連の論文は，発表後に時
> をおかず英国の学術誌に英訳されているが，ここではトムソンが，クラウ
> ジウスの論文を遅ればせながら知って，自身がクラウジウスとは独立に第
> 2 法則に至っていた経緯を語った原文を示す．）
>
> It is with no wish to claim priority that I (= Thomson) make these state-
> ments, as the merit of first establishing the proposition upon correct
> principles is entirely due to Clausius, who published his demonstra-
> tion of it in the month of May last year, in the second part of his paper

---

[40] 図 4.3(b) では熱源温度と仕事はまったく別個のものであるから，図中の熱源と熱機関の上下関
係に特に意味はない．

on the motive power of heat. I may be allowed to add, that I have given the demonstration exactly as it occurred to me before I knew that Clausius had either enunciated or demonstrated the proposition. The following is the axiom on which **Clausius**' demonstration is founded: — It is impossible for a self-acting machine, unaided by any external agency, to convey heat from one body to another at a higher temperature.

一方，トムソンの原理の原文は

It is impossible, by means of inanimate material agency, to derive mechanical effect from any portion of matter by cooling it below the temperature of the coldest of the surrounding objects.

であるが，温度に言及した by cooling 以下の文言は必ずしも適切とはいえない．このためプランク (Max Planck, 1858–1947) による修正を加えた以下の英文を，一般にはトムソンの原理あるいはケルビン–プランクの原理 (Kelvin-Plancks' principle) とよぶ．

It is impossible to construct an engine which will work in a complete cycle, and produce no effect except the raising of a weight and the cooling of a heat reservoir.

4.6.2　カルノー／クラウジウス／トムソン各原理：各関係性理解の前に

　カルノー／クラウジウス／トムソン各原理が出揃ったところで，図 4.4 に 3 原理の同等性証明を行う節番号を図示する．すなわち，各原理から他の原理を導く方向を矢印で示し，この矢印が 3 対（6 本）揃うことで，3 原理の同等性を確認する．なお，カルノーの推論は定量的観点からは熱素説に基づく間違いを含んでいたが，ジュールの主張とのジレンマに苦しんだトムソンはカルノーの推論を熱力学第 1 法則を破らないように修正したといえるので，以下では，これまでと順序を変更し，**トムソンの原理とカルノーの原理**を先に 4.6.4 項，ク

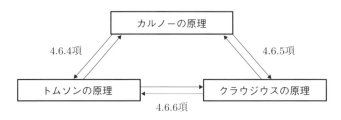

図 4.4　カルノー／クラウジウス／トムソン各原理の相互関係

ラウジウスの原理とカルノーの原理を後に 4.6.5 項とする．そして最後にトム
ソンの原理とクラウジウスの原理を 4.6.6 項とする．なお以下では，矢印の出
発点となる原理から矢印の到達点となる原理を導く際，証明すべき命題の**対偶**
(contraposition：命題「A → B」の対偶は「$\overline{\mathrm{B}}$ → $\overline{\mathrm{A}}$」)，すなわち，到達点と
なる原理が否定されるならば出発点となる原理も否定されるという論法で 6 本
の矢印すべてを導く．

4.6.3　可逆熱機関のサイクルを逆転させた可逆熱機関

　次節以下ではこれまで考えてきた可逆熱機関に対して，そのサイクルを逆転さ
せた可逆熱機関も新たに組み合わせた議論を行う．可逆機関の**逆転サイクル**は，
単に本章での議論のための概念としてだけでなく，4.6.8 項で述べるような私た
ちの日常生活に欠かせない**空調機** (air conditioner) や**冷蔵庫** (refrigerator) な
どの基礎ともなる重要なサイクルであるので，ここで可逆機関の逆転の基本原
理を説明しておこう．

　可逆熱機関の逆転サイクルの例として，図 4.5(a) は図 4.2 の理想気体を作業
物質とするカルノー・サイクルを逆転運転 (1 → 4 → 3 → 2 → 1) すること
を示している．すなわち外部から仕事 W を加え，1 → 4 は断熱膨張，4 → 3
は等温膨張，3 → 2 は断熱圧縮，2 → 1 は等温圧縮して元に戻るサイクルであ
る．（順転のサイクルと比べると，サイクルを構成する 4 つの変化過程は共通で
あるが，単にその順序が異なるだけであることに注意せよ．）この場合，4 → 3
では低温熱源から熱 Q_{L} を吸収し，2 → 1 では高温熱源に熱 Q_{H} を放出し，外
部から加えた仕事は $W = Q_{\mathrm{H}} - Q_{\mathrm{L}}$ である．つまり可逆熱機関はすべてのプロ

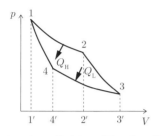
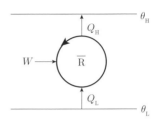

(a) カルノー・サイクル（図 4.2）の逆転　　(b) 可逆熱機関の逆転の模式図

図 4.5　可逆熱機関の逆転

セスで可逆なので，逆向きで同じ量の熱や仕事のやりとりで逆転が可能である．
あるいは，可逆熱機関は逆転したときに順転の場合と同じ大きさで逆向きの熱
や仕事のやりとりがあると考えてよい．このような状況を図 4.5(b) のような模
式図では記号 $\overline{\mathrm{R}}$ で表す．なお，可逆熱機関でない場合は，逆転が可能であって
も，順転と同じ量的関係は成り立たないことに注意しよう．

4.6.4　トムソンの原理とカルノーの原理

トムソンの原理 → カルノーの原理

　トムソンの原理からカルノーの原理を導くために，カルノーの原理が否定さ
れればトムソンの原理も否定されることを証明しよう．

　トムソンが想定した，カルノーの原理を否定する系を図 4.6(a) に示す．まず，
カルノーの原理を否定すると，可逆機関より効率のよい超能熱機関 S が存在し，
これが左側である．一方，可逆熱機関を逆転させる $\overline{\mathrm{R}}$ が右側で，両者を組み合
わせる [41]．

　まず，S が高温熱源から Q_{H} を受け取り，仕事 W をする．第 1 法則から，この

---

41) 細かいことに思われるかもしれないが，理解を深めるために以下の注を追加しておこう．この
　ように順転の熱機関と逆転の熱機関を組み合わせる系を考える（思考実験を行う）場合，すな
　わち，順転熱機関からの仕事が与えられ受け身で熱を移動させる R のサイクルにおいては，作
　業物質の量は適切に調節されていて，整数回のサイクルでこの過程が終了する（完全に元に戻
　る）ものとする．言い換えると，サイクルの途中では仕事はすんだものの熱は放出していない
　ということがありえるので，収支がバランスするように，この前提条件が重要となる．

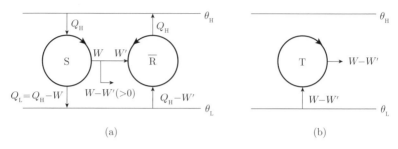

図 4.6　カルノーの原理を否定する（超能熱機関を仮定する）系

とき低温熱源には $Q_L = Q_H - W$ を放出する．その W の部分 $W'\,(< W)$ を使って $\overline{R}$ で低温熱源から熱を受け取り，高温熱源にちょうど Q_H だけ放出するようにする．このとき $\overline{R}$ が低温熱源から受け取る熱は，第 1 法則より $Q_H - W'$ である．この過程全体を 1 つの熱機関 T（total の意）と考えると，図 4.6(b) のように，高温熱源とは熱のやりとりがなく，低温熱源からは $(Q_H - W') - (Q_H - W) = W - W'\,(> 0)$ に等しい熱を受け取り，それをすべて仕事に変えていることになる．これはトムソンの原理に矛盾するが，この原因は超能熱機関を仮定した（カルノーの原理を否定した）結果である．したがって，トムソンの原理が成り立てばカルノーの原理が成り立つ．

カルノーの原理 → トムソンの原理

カルノーの原理からトムソンの原理を導くために，トムソンの原理が否定されればカルノーの原理も否定されることを証明しよう．

図 4.7 の左側で，まず可逆熱機関 R を働かせ高温熱源から Q_H を受け取り，仕事 W をする系を考える．さらに図の右側に，トムソンの原理が否定されるならば，熱機関 NT（トムソン否定の意）により高温熱源から熱 Q_H' を受け取り，これをすべて仕事 $W' = Q_H'$ に変えることができる．この過程全体の熱変換効率は，全体での仕事が $W + W'$ であることに注意すると

$$\eta = \frac{W + W'}{Q_H + Q_H'} = \frac{W}{Q_H} \cdot \frac{1 + (W'/W)}{1 + (Q_H'/Q_H)} = \eta_R \cdot \frac{1 + (Q_H'/W)}{1 + (Q_H'/Q_H)}$$

ここで，$W = Q_H - Q_L < Q_H$ だから，最右辺の分子にある (Q_H'/W) と分母にある (Q_H'/Q_H) を比べると $(Q_H'/W) > (Q_H'/Q_H)$，したがって

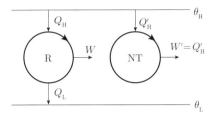

図 4.7　トムソンの原理を否定する系

$$\eta > \eta_R$$

となり，可逆熱機関の熱効率より高くなる．これはカルノーの原理に矛盾するが，この原因はトムソンの原理を否定した結果である．したがって，カルノーの原理が成り立てばトムソンの原理が成り立つ．

4.6.5　クラウジウスの原理とカルノーの原理

クラウジウスの原理 → カルノーの原理

　クラウジウスの原理からカルノーの原理を導くために，カルノーの原理が否定されればクラウジウスの原理も否定されることを証明しよう．

　クラウジウスが想定した系を図 4.8(a) に示す．カルノーの原理に反する超能熱機関 S が左側，可逆熱機関を逆転させる $\overline{R}$ が右側で，両者を組み合わせる．

　まず，S が高温熱源から Q_H を受け取り，低温熱源に Q_L を放出して仕事

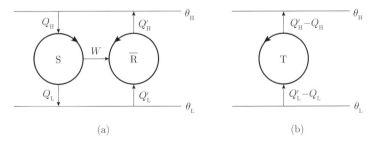

図 4.8　カルノーの原理を否定する（超能熱機関を仮定する）系

W をする．その W で $\overline{\mathrm{R}}$ で低温熱源から Q'_L を受け取り，高温熱源に Q'_H を放出する．熱力学第1法則から $Q_\mathrm{H} - Q_\mathrm{L} = W = Q'_\mathrm{H} - Q'_\mathrm{L}$ であるので，$Q'_\mathrm{H} - Q_\mathrm{H} = Q'_\mathrm{L} - Q_\mathrm{L}$ となる．一方，$\eta_\mathrm{S} = W/Q_\mathrm{H} > \eta_\mathrm{R} = W/Q'_\mathrm{H}$ より $Q'_\mathrm{H} > Q_\mathrm{H}$ であるので，$Q'_\mathrm{H} - Q_\mathrm{H} = Q'_\mathrm{L} - Q_\mathrm{L} > 0$ となる．この過程全体を1つの熱機関 T と考えると，図 4.8(b) のように，低温熱源から熱を受け取り，他に何の変化も残さずにそれを高温熱源に移動している．これはクラウジウスの原理に矛盾するが，この原因は超能熱機関を仮定した（カルノーの原理を否定した）結果である．したがって，クラウジウスの原理が成り立てばカルノーの原理が成り立つ．

カルノーの原理 → クラウジウスの原理

カルノーの原理からクラウジウスの原理を導くために，クラウジウスの原理が否定されればカルノーの原理も否定されることを証明しよう．

図 4.9 の左側で，まず可逆熱機関 R を働かせ，高温熱源から Q_H を受け取り，低温熱源に Q_L を与えて，仕事 W をする系を考える．さらに図の右側に，クラウジウスの原理が否定されるならば，作用体 NC（クラウジウス否定の意）により低温熱源から熱 $Q'_\mathrm{L}\,(< Q_\mathrm{L})$ を受け取り，他に何の変化も残さずにそれを高温熱源に与えるものを追加することができる．この過程全体の熱効率は，高温熱源から受け取った熱が $Q_\mathrm{H} - Q'_\mathrm{L}$ であることに注意すると，

$$\eta = \frac{W}{Q_\mathrm{H} - Q'_\mathrm{L}} = \frac{Q_\mathrm{H} - Q_\mathrm{L}}{Q_\mathrm{H} - Q'_\mathrm{L}} > \frac{Q_\mathrm{H} - Q_\mathrm{L}}{Q_\mathrm{H}} = \eta_\mathrm{R}$$

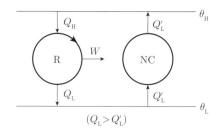

図 4.9　クラウジウスの原理を否定する系

となり，可逆熱機関の熱効率より高くなる．これはカルノーの原理に矛盾するが，この原因はクラウジウスの原理を否定した結果である．したがって，カルノーの原理が成り立てばクラウジウスの原理が成り立つ．

4.6.6 トムソンの原理とクラウジウスの原理

トムソンの原理 → クラウジウスの原理

トムソンの原理からクラウジウスの原理を導くために，クラウジウスの原理が否定されればトムソンの原理も否定されることを証明しよう．

図 4.10(a) の左側で，まず可逆熱機関 R を働かせ，高温熱源から Q_H を受け取り，低温熱源に Q_L を与えて，仕事 W をする系を考える．さらに図の右側に，クラウジウスの原理が否定されるならば，作用体 NC（クラウジウスの原理否定の意）により低温熱源から熱 Q_L を受け取り，他に何の変化も残さずにそれを高温熱源に与えるものを追加することができる．この過程全体を1つの熱機関 T と考えると，図 4.10(b) のように，高温熱源だけから熱 $Q_H - Q_L$ を受け取り，それを仕事に変えたことになる．これはトムソンの原理に矛盾するが，この原因はクラウジウスの原理を否定した結果である．したがって，トムソンの原理が成り立てばクラウジウスの原理が成り立つ．

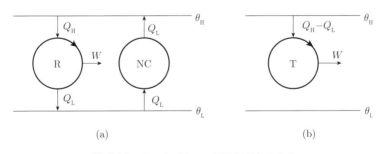

図 4.10 クラウジウスの原理を否定する系

クラウジウスの原理 → トムソンの原理

クラウジウスの原理からトムソンの原理を導くために，トムソンの原理が否

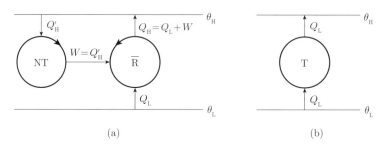

図 4.11　トムソンの原理を否定する系

定されればクラウジウスの原理も否定されることを証明しよう.

　図 4.11(a) の左側で，ある高温熱源から Q'_H を受け取って，それをすべて仕事 $W = Q'_H$ に変えることができる熱機関 NT（トムソンの原理否定の意）が存在する．その W を使って可逆熱機関 R を逆転させて，低温熱源から Q_L を受け取り，高温熱源に Q_H を与える．第 1 法則から $Q_H = Q_L + W$ であり，高温熱源が正味に受け取った熱を計算すると $Q_H - Q'_H = (Q_L + W) - W = Q_L$ である．この過程全体を 1 つの系 T と考えると，図 4.11(b) のように，この過程全体として正味の仕事もないので，低温熱源から高温熱源に熱 Q_L を伝えただけで何の変化も残さないことになる．これはクラウジウスの原理に矛盾するが，この原因はトムソンの原理を否定した結果である．したがって，クラウジウスの原理が成り立てばトムソンの原理が成り立つ.

　ここで，トムソンとクラウジウスの推論を振り返ってみると，トムソンは熱から変換した仕事に注目することにより，一方のクラウジウスは熱の移動に注目することにより，ともにカルノーの原理に至ったと要約できる．ただし，後者の方が日常的に当たりまえの（起こりそうにない）事実を原理としている点で，理解しやすい表現となっているといえる.

4.6.7　物理基本法則としてのカルノー／クラウジウス／トムソン各原理

　以上のように，カルノーの原理，クラウジウスの原理，トムソンの原理，のそれぞれから他の原理を導くことができ，これらの原理は同等であることが確認できた．ここで，表 4.2 に 3 原理の同等性確認に用いた系をまとめておこう.

表 **4.2**　3原理の同等性確認に用いた系

A $\rightleftarrows$ B	A $\rightarrow$ B, $\overline{B} \rightarrow \overline{A}$	B $\rightarrow$ A, $\overline{A} \rightarrow \overline{B}$
トムソン $\rightleftarrows$ カルノー	図 4.6　S + $\overline{R}$	図 4.7　R + NT
クラウジウス $\rightleftarrows$ カルノー	図 4.8　S + $\overline{R}$	図 4.9　R + NC
トムソン $\rightleftarrows$ クラウジウス	図 4.10　R + NC	図 4.11　NT + $\overline{R}$

各図において，順転熱機関，逆転熱機関，各原理を否定するものを組み合わせて同様の議論を展開したことが確認できる．

　ただし，これらのいずれの法則もこれら以外の法則から証明されているわけではないことに注意したい．これは，熱力学第2法則が物理学の基本法則 (fundamental law of physics) だからである．古典力学のニュートンの3法則や熱力学第1法則などもそうであるが，物理学の基本法則の根本的な妥当性は，実験あるいは経験によってのみ確認される．ただし，熱力学第2法則に関する原理はいずれも不可能といった否定的な表現あるいは量的な大小関係を含めた表現となっている．

　本章では，熱力学の入門書としては比較的多くのページを割いたが，これはいうまでもなく第1法則と第2法則が確立したところが熱力学で最も重要かつ興味深いところであるし，本シリーズ名にもある「物理の第一歩」の核となるためである．ここで読者は，「まえがき」に引用したアインシュタインとアトキンスの言葉をもう一度読み返して，第1法則と第2法則の重要性を再認識するとともに，これらから展開される熱力学の世界を存分に味わってほしい．

　なお，第2法則については，歴史的にはクラウジウスやトムソンで議論が終わったわけではなく1890年ごろでもドイツの**オストワルド** (Friedrich Ostwald, 1853–1932) や**プランク**などが盛んに議論を行った．トムソンの原理で存在を否定された過程，すなわちある熱源から熱エネルギーを取り出し，それをすべて仕事に変えるサイクル過程を行うものが正に4.2節で述べた第2種永久機関であるので，「第2種永久機関は存在しない」というのはトムソンの原理に他ならないのであるが，**オストワルドの原理** (Ostwald's principle) ともよばれるのは，上記のような歴史的経緯によることを付記する．

4.6.8　カルノー・サイクルの逆転サイクルの熱機関

　ここで，4.6.3項で述べたカルノー・サイクルの逆転サイクルの熱機関についてさらに補足しておこう．まず，図4.5(a) に示した逆転サイクルの4つの過程は，表4.3 のように順転カルノー・サイクルの順番を入れ替えればよい．したがって，熱 Q も仕事 W も絶対値（正の値）を表すものとして，そのやりとりの向きは符号ではなく言葉で表すことも 4.5 節と同様である．

過程 4 → 3：等温膨張

　系が低温熱源から熱を吸収して系が外に向けて膨張仕事をする．

$$Q_{\mathrm{L}} = W_{43} = \int_4^3 p\, dV = \int_4^3 \frac{nRT_{\mathrm{L}}}{V} dV = nRT_{\mathrm{L}} \ln \frac{V_3}{V_4} \tag{4.16}$$

過程 3 → 2：断熱圧縮

　熱の出入りを遮断して系外からの仕事で圧縮される．その分だけ内部エネルギーは増加する．

$$W_{32} = U_2 - U_3 = U_{\mathrm{H}} - U_{\mathrm{L}} \tag{4.17}$$

過程 2 → 1：等温圧縮

　系外から圧縮された仕事に相当する熱が高温熱源に捨てられる．

$$\begin{aligned} Q_{\mathrm{H}} = W_{21} &= -\int_2^1 p\, dV = -\int_2^1 \frac{nRT_{\mathrm{H}}}{V} dV \\ &= -nRT_{\mathrm{H}} \ln \frac{V_1}{V_2} = nRT_{\mathrm{H}} \ln \frac{V_2}{V_1} \end{aligned} \tag{4.18}$$

過程 1 → 4：断熱膨張

　熱の出入りを遮断して系が外に向けて膨張仕事をする．その分だけ内部エネルギーは減少する．

表 4.3　順転カルノー・サイクルと逆転カルノー・サイクルの対応関係

順転	① 1→2	② 2→3	③ 3→4	④ 4→1		逆転
	等温膨張	断熱膨張	等温圧縮	断熱圧縮	等温膨張	
	④ 1→4	③ 2→1	② 3→2	① 4→3		

（丸囲み数字は，それぞれの等温膨張を出発過程とする場合の順番を示す．）

$$W_{14} = -(U_4 - U_1) = U_H - U_L \tag{4.19}$$

したがって，系外からされた正味の仕事を W_{net} とすると

$$W_{\mathrm{net}} = -W_{43} + W_{32} + W_{21} - W_{14} = -W_{43} + W_{21} = -Q_L + Q_H$$
$$= -nRT_L \ln \frac{V_3}{V_4} + nRT_H \ln \frac{V_2}{V_1} = nR(T_H - T_L) \ln \frac{V_2}{V_1} \tag{4.20}$$

この正味の系外からなされた仕事に対して，高温熱源に捨てた（低温熱源から移動した）熱の割合を η_H（この後のコラムで述べる暖房機能に注目した効率）とすると，

$$\eta_H = \frac{Q_H}{W_{\mathrm{net}}} = \frac{nRT_H \ln \dfrac{V_2}{V_1}}{nR(T_H - T_L) \ln \dfrac{V_2}{V_1}} = \frac{T_H}{T_H - T_L} \tag{4.21}$$

となる．また，この正味の系外からされた仕事に対して，低温熱源から奪った熱の割合を η_L（この後のコラムで述べる冷房機能に注目した効率）とすると，

$$\eta_L = \frac{Q_L}{W_{\mathrm{net}}} = \frac{nRT_L \ln \dfrac{V_2}{V_1}}{nR(T_H - T_L) \ln \dfrac{V_2}{V_1}} = \frac{T_L}{T_H - T_L} \tag{4.22}$$

となる．

┌─ コラム： 身近な圧縮式熱機器

　実際の空調機・冷蔵庫・給湯器などの**圧縮式ヒートポンプ** (compression heat pump) あるいは**圧縮式冷凍機** (compression refrigerator)[42] での作業物質は，低温側の作動だけでなく高温側での作動を目的とする場合も含めて，**冷媒** (refrigerant) とよばれる．第 8 章で述べるように，冷媒はサイクル中で蒸発や凝縮などの相変化も生じるが，空調機を例にとると，基本的には室内側熱交換器・室外側熱交換器・圧縮機・膨張機の 4 構成で，

---

42) 冷凍機やヒートポンプには，作業物質の化学変化を用いる「吸収式」もあるので，作業物質の熱力学変化を用いるものを「圧縮式」とよんで区別する．

これらに対応して2つの等温過程を圧縮過程と膨張過程で結んでいる構成で冷凍サイクル (refrigeration cycle) とよばれる．実際の膨張過程は断熱膨張（後述する等エントロピー）過程でなく等エンタルピー過程に近いという違いはあるものの，原理的にはカルノー・サイクルの逆転サイクルと大差ないと考えてよい．すなわち，

- カルノー・サイクルの逆転サイクルで高温熱源に熱を捨てる作用は，空調機における暖房に対応し（室内側が高温熱源に相当するが，冷媒により暖められて室温を上げることが目的であるように厳密な意味では熱源ではない），室外（＝環境：低温熱源）から奪った熱を汲み上げて室内に捨てている．
- カルノー・サイクルの逆転サイクルで低温熱源から熱を奪う作用は，空調機における冷房に対応し（室内側が低温熱源に相当するが，冷媒により冷やされて室温を下げることが目的であるように厳密な意味では熱源ではない），室内から奪った熱を汲み上げて室外（＝環境：高温熱源）に捨てている．

この場合，冷媒は，低温側熱源と熱交換する場合はより低い温度，高温側熱源と熱交換する場合はより高い温度となって，それぞれ温度差が生じている．実際の機器ではこのような非可逆性を含めて，暖房機能や冷房機能に注目した効率はカルノー・サイクルの逆転サイクルの場合の (4.21) や (4.22) に比べて小さくなる．

　なお空調機では，冷媒が循環する回路において，暖房時でも冷房時でも，圧縮機と膨張機は一定の機能を行うが，室内側熱交換器と室外側熱交換器については回路中の弁を切り替えることで両者の役割のみを入れ替え，暖房と冷房の両方の機能を行っている．

4.7　温度（その3）：熱力学的温度

1.6節から始まった温度に関する説明は，3.4節を経て，ここでようやく最終

段階に達した.

19世紀初頭には，3.4節に述べたように理想気体温度はすでに用いられていた. しかし，この温度はあくまでも理想気体という物質（の体積あるいは圧力変化）を利用しているに過ぎず，熱力学の本質と結びついているとは必ずしもいえない. トムソンはこのような温度の定義に関してずっと疑問を持っていたが，24歳のときにカルノーの『考察』に接することにより，カルノーの原理こそが熱力学の本質に関わっていると確信し，温度もカルノー熱機関（可逆熱機関）の効率

$$\frac{W}{Q_\mathrm{H}} = \frac{Q_\mathrm{H} - Q_\mathrm{L}}{Q_\mathrm{H}} = 1 - \frac{Q_\mathrm{L}}{Q_\mathrm{H}} = \eta_\mathrm{R}\left(\theta_\mathrm{H}, \theta_\mathrm{L}\right) \tag{4.3}$$

に基づけば作業物質にはよらない温度——トムソン自身による命名で**絶対温度** (absolute temperature) が導入できるはずだと考えた [43].

可逆熱機関の効率が一般に (4.3) の $\eta_\mathrm{R}\left(\theta_\mathrm{H}, \theta_\mathrm{L}\right)$ で表せるということは，温度 θ_H の高温熱源から系に入る熱 Q_H と θ_L の低温熱源から系外に捨てる熱 Q_L との間に

$$\frac{Q_\mathrm{L}}{Q_\mathrm{H}} = f\left(\theta_\mathrm{H}, \theta_\mathrm{L}\right) \tag{4.23}$$

のような関数関係があるということだから，この関数 f の性質を調べればよい.

関数 f が満たすべき条件を導くための工夫として，可逆熱機関を図 4.12 のように高温側から低温側に向けて 3 つの温度 $\theta_1 > \theta_2 > \theta_3$ の熱源を考え，これらの熱源の間で作動する可逆熱機関 R_1 と R_2 を直列にしてみよう. ここで，R_1 が温度 θ_2 の熱源に放出する熱量 Q_2 と，R_2 が θ_2 から吸収する熱量を等しくなるように作業物質の量を調節すると，全体としては温度 θ_1 の高温熱源から熱 Q_1 をもらって，温度 θ_3 の低温熱源に熱 Q_3 を捨てる可逆熱機関となる.

このようにすると，カルノーの原理から，それぞれの可逆熱機関に対して，同じ関数 f を用いて

$$\frac{Q_2}{Q_1} = f\left(\theta_1, \theta_2\right), \quad \frac{Q_3}{Q_2} = f\left(\theta_2, \theta_3\right) \tag{4.24}$$

---

[43] 本書では熱力学第 2 法則を先に述べたが，トムソンは，熱力学第 2 法則よりも先に絶対温度に関する研究に注力した. なお，「絶対」という言葉は，脚注 9 でも簡単に触れたが，絶対値という意味ではなく絶対（普遍）的なという意味である.

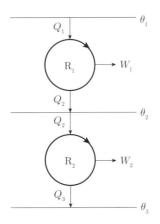

図 4.12　カルノー熱機関を直列にした拡張系
（系全体を図 4.1 と対比すると $Q_\mathrm{H} = Q_1$, $Q_\mathrm{L} = Q_3$, $W = W_1 + W_2$）

が成り立つ．一方，可逆熱機関 R_1 と R_2 を合わせたものは，熱源 1 と熱源 3 の間で作動する可逆熱機関とみなせるから，同じ関数 f を用いて

$$\frac{Q_3}{Q_1} = f(\theta_1, \theta_3) \tag{4.25}$$

と書ける．したがって，以下の関係式が成立する．

$$f(\theta_1, \theta_3) = \frac{Q_3}{Q_1} = \frac{Q_2}{Q_1} \times \frac{Q_3}{Q_2} = f(\theta_1, \theta_2) \times f(\theta_2, \theta_3) \tag{4.26}$$

このような関係式を満たすためには，f の関数形が

$$\frac{Q_2}{Q_1} = f(\theta_1, \theta_2) = \frac{g(\theta_2)}{g(\theta_1)} \tag{4.27}$$

であればよい．このことは (4.26) の両辺の関数 f をすべてこの形に置き換えてみれば簡単に確かめることができる．そこで関数 g の最も簡単な形として $g(\theta) = \theta$ を選び，さらに温度の記号を θ から T に変更して

$$f(T_1, T_2) = \frac{T_2}{T_1} \tag{4.28}$$

とすることにより，温度 T_1 と T_2 を定義する．この結果，(4.24) から

$$\frac{T_2}{T_1} = \frac{Q_2}{Q_1} \tag{4.29}$$

となる．これにより，カルノー・サイクルの効率は

$$\eta_R\left(T_H, T_L\right) = \frac{Q_H - Q_L}{Q_H} = 1 - \frac{Q_L}{Q_H} = 1 - \frac{T_L}{T_H} \tag{4.30}$$

と表せた．

このように定義した温度がトムソンによる絶対温度である．なお，この絶対温度により後述のエントロピーなども新たに導入されて熱力学の大系が完結することもあり，**熱力学的温度** (thermodynamic temperature) とよび，以下ではこちらのよび方で統一する．単位は 1.6.2 項で述べたようにケルビン（記号 K）である[44]．

ここで (4.30) を，4.5 節で理想気体について求めたカルノー・サイクルの効率

$$\eta_C = \frac{Q_H - Q_L}{Q_H} = 1 - \frac{T_L}{T_H} \tag{4.15}$$

と比べるとまったく同じ形になる．このような形式的同一性から理想気体温度は熱力学的温度と等価とみなすことができる．ただし，このことは理想気体の状態方程式が (3.6) のように表せたことと，熱力学的温度として (4.28) の関数形を採用したことによる一致にすぎないことに注意しよう．

章末問題

4.1 4.4 節で考えた理想気体を作業物質とするカルノー・サイクル C_A（高温熱源温度 T_H，低温熱源温度 T_L，体積が V_1, V_2, V_3, V_4 と変化する）で得られる仕事を W_A とする．これに対し，高温熱源温度と低温熱源温度の温度を変えず，作業物質の量も変えずに，V_2 と V_3 だけをそれぞれ $V_{2'}$ と $V_{3'}$ と変えたカルノー・サイクルを C_B とし，得られる仕事 W_B を，$W_B = 2W_A$ としたい．このためには $V_{2'}/V_2$ や $V_{3'}/V_3$ をどのようにすればよいか．

---

[44] 2018 年に改定された新 SI では，熱力学的温度の値は 3.2 節で述べたボルツマン定数を用いて定義されている．旧 SI では「水の**三重点**（triple point, 8.3.2 項参照）での温度の 1/273.15 を 1 K とする」という定義であったが，新 SI では三重点の温度が定数でなく測定で決められる不確かさ付きの量になった．

4.2 カルノー・サイクルで低温熱源温度を $T_{\mathrm{L}} = 25\,℃$ と固定する場合，高温
熱源温度が $T_{\mathrm{H}} = 100\,℃$，$1000\,℃$，$2000\,℃$ の場合の熱効率を確認せよ．

章末自由課題

4.1 本章で対象とした 19 世紀の熱力学の展開に興味を覚えた読者は，さらに
以下の専門書などを読んで学習を深めるとよい．

- 山本義隆，「熱学思想の史的展開 1–3」（筑摩書房，2008–2009）．

第 5 章

エントロピーの導入と変化の方向
―熱力学第2法則(2)―

5.1 熱力学第2法則の数学的表現に向けて

　物理法則は，その法則に関与する物理量が数学的に表現されることにより定量化され明確に理解される．カルノーに端を発する熱力学第2法則に関して，その数学的表現の第一歩は，トムソンとクラウジウスにより1854年にほぼ同時になされた．さらに，クラウジウスの方は11年後の1865年にエントロピー (entropy) という新しい状態量の概念を確立させ，熱力学第2法則の数学的表現を完成させた．

　本章では熱力学第1法則にも第2法則にも関係する重要な状態量としてのエントロピーが主役となるが，エントロピー概念は熱力学の中でも理解がむずかしいので，最初に本章のおおまかな流れを示しておこう．

5.2節　カルノー・サイクルを出発点として一般の可逆サイクルと非可逆サイクルに議論を拡張する．

5.3節　一方，熱力学第1法則における熱の出入りに注目して新たな状態量としてエントロピー S を導入する．

5.4節　エントロピーが登場したので，これまでの p-V 図上に加えて T-S 図上での状態量変化を説明する．

5.5節　エントロピーを5.2節の非可逆過程と関係づけて熱力学第2法則を定式化する．

5.6節　具体的理解のため，状態量としてのエントロピーを理想気体について示す．

5.7節　非可逆過程でのエントロピー増加に関する基礎的で重要な2つの現象について説明する.

5.2　カルノー・サイクルから一般の可逆サイクルと非可逆サイクルへ

5.2.1 *p-V* 図上でのカルノー・サイクル

4.5節でカルノー・サイクルを理想気体に対して各過程を数式の面から述べたが, ここで *p-V* 図上での図形的な面から説明を補足しよう. 図5.1でカルノー・サイクルは 1→2→3→4→1 と時計回りであり, 1→2 と 3→4 は等温線, 2→3 と 4→1 は断熱線（断熱過程の線）である.

カルノー・サイクルが1サイクルで行う正味の仕事は

$$W_{\mathrm{net}} = \oint p\,dV = \oint_{12341} p\,dV = 面積 (1234) \tag{5.1}$$

であり, *p-V* 図上で4過程の線で囲まれた面積が正味の仕事量を表している. さらに4.5節で述べたように

$$W_{\mathrm{net}} = Q_{\mathrm{H}} - Q_{\mathrm{L}} = Q_{\mathrm{net}} \tag{5.2}$$

でもあり, サイクルで囲まれた面積は系に入った正味の熱も表している. なお,

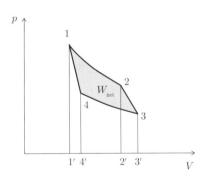

図 5.1　カルノー・サイクルの *p-V* 図

(4.7) と (4.11) より断熱膨張過程と断熱圧縮過程における仕事の絶対値は等しく

$$| 面積 (233'2'2)| = | 面積 (411'4'4)| \tag{5.3}$$

である.

5.2.2 p-V 図上での一般の可逆サイクル

次に,一般の可逆サイクルを考えよう.カルノー・サイクルは 4 つの過程から構成されていたので,p-V 図上で四辺形だったが,一般に正の仕事を出力するサイクルは,図 5.2[45] に示すように p-V 図上で時計回りに変化する閉じた線として考えることができる.

カルノー・サイクルは 2 つの温度の熱源間で作動するので,p-V 図上に等温線を描き加えると,2 つの等温線間を断熱線(断熱過程の線)で結ぶことによりカルノー・サイクルを構成できる.したがって,図 5.3 に示すように,任意の可逆サイクルは微小な温度差間の等温線(細い点線)と断熱線(太い点線)とで囲まれるカルノー・サイクル(四辺形)に分割して近似できる.隣り合うカルノー・サイクルは等温線を(全部ではないが大部分)共有し,高温側は等温

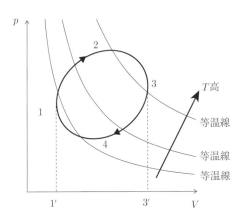

図 5.2 p-V 図でのサイクル

---

45) 参考のため,理想気体を想定して等温線を双曲線状に記入した.

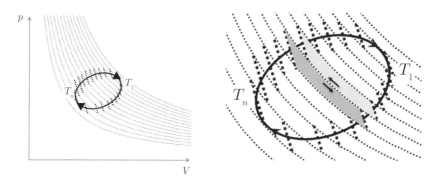

図 5.3　一般の可逆サイクルを微小温度差のカルノー・サイクルで分割（右は拡大図）

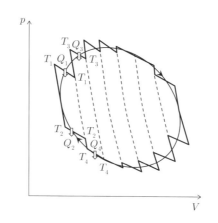

図 5.4　一般の可逆サイクルを断熱線基準のカルノー・サイクルで分割

圧縮，低温側は等温膨張と方向が逆で，同じ量の熱を受け渡すことになる．そして，これらの温度差を無限小にした極限で，言い換えれば無限個のカルノー・サイクルに分解した極限で，一般の可逆サイクルが表されることは直感的に予想される．

　一方，図 5.4 のように，任意の可逆サイクルを断熱線を主にして分割することにより，図中の太い実線で近似することも可能である．本書では，こちらの分割の方が理解（式の展開）がしやすく，かつ後述のエントロピーの導入につなげやすいので，以下は図 5.4 に従って述べる．まず，p-V 図上で左側の体積

が小さい方のカルノー・サイクルから順番に，温度を (T_1, T_2), (T_3, T_4), $\cdots$,
(T_{n-1}, T_n) とする（ここで n は偶数）.

　ここで，熱 Q は，系に入る場合を正，系から出る場合を負として，方向を正
負の符号によって反映するように定義変更すると，最初のカルノー・サイクル
では，(4.5) と (4.9) から

$$\frac{Q_1}{T_1} + \frac{Q_2}{T_2} = 0 \tag{5.4}$$

となる. 以後も同様に

$$\frac{Q_3}{T_3} + \frac{Q_4}{T_4} = 0, \cdots, \frac{Q_{n-1}}{T_{n-1}} + \frac{Q_n}{T_n} = 0 \tag{5.5}$$

であり，一方，断熱線上では熱の授受はないので，結局この可逆過程の全域（太
い実線）について

$$\sum_{i=1}^{n} \frac{Q_i}{T_i} = 0 \tag{5.6}$$

となる.

　そこで，断熱線の間隔を無限小にすることにより極限を考えると総和記号が
積分に置き換えられ

$$\oint \frac{d'Q}{T} = 0 \tag{5.7}$$

と表すことができる. なお，この式は**クラウジウスの関係式**とよばれることも
あるが，トムソンも図 5.3 の方の分割に基づいて同じ結果を得ていた.

5.2.3　一般の非可逆過程：クラウジウスの不等式

　前節では可逆過程を考えたが，本節では非可逆過程を含む一般のサイクルを
考えよう. 非可逆過程に拡張するには，(4.4) の不等式に (4.3) を代入し，さら
に前節で変更した熱 Q の符号定義に注意して

$$\eta = \frac{Q_H + Q_L}{Q_H} \leq \eta_C = 1 - \frac{T_L}{T_H} \tag{5.8}$$

と表せるので，(5.4) と同様な形に書き換えると

$$\frac{Q_H}{T_H} + \frac{Q_L}{T_L} \leq 0 \tag{5.9}$$

となる.（等号が成り立つのは可逆サイクルの場合.）ここで T_H や T_L はあくまでも熱源温度であり,非可逆過程の場合は熱源の温度と系の温度が等しいとは限らない.

前節で任意の可逆サイクルは微小温度差のカルノー・サイクルを合成したものに置き換えることができたので,非可逆性がある場合は,(5.6) が不等式に変わった

$$\sum_{i=1}^{n} \frac{Q_i}{T_i^{(e)}} \leq 0 \tag{5.10}$$

となる.ここで,熱源すなわち系の外部の温度を,これまでの T_H や T_L に替わって,一般に $T^{(e)}$ で表した.無限小のカルノー・サイクルの集合体として極限を考えると,(5.7) から

$$\oint \frac{d'Q}{T^{(e)}} \leq 0 \tag{5.11}$$

と表され,**クラウジウスの不等式** (Clausius inequality) とよぶ.クラウジウスがこの不等式に達したのは 1854 年であり,実は,この左辺の積分の中に現れる熱（の微小量）を温度で割った量は,次節で説明するエントロピーの伏線ともなっていたのである.

5.3　新たな状態量としてエントロピーの導入

ここで,クラウジウスの不等式にも現れる $d'Q$ に関して,熱力学第 1 法則

$$dU = d'Q + d'W \tag{2.5}$$

を振り返ってみよう.(2.5) の右辺は 2 項とも状態量ではないが,第 2 項 $d'W$ については準静的過程ならば,

$$d'W = -p\,dV \quad \text{（準静的過程）} \tag{2.7}$$

のように,$d'W$ は示量性状態量 V の変化分 dV と示強性状態量 p の積として書き換えることができた.これと同様に,右辺第 1 項の $d'Q$ についても準静的変化の場合に置き換えはできないであろうか.そのためには,熱が出入りする場合に必ず変化するが,熱の出入りがないならゼロになる示量性状態量を見つ

ける必要がある．とはいっても，少なくともこれまでに出てきた状態量の中で，この条件に合致するものは見当たらない[46]．

これに対し，クラウジウスが前述の不等式を示してから 10 年近い歳月をかけて答えを見出した．それは，熱 $d'Q$ をその過程での系の温度 T で除した微小量

$$dS \equiv \frac{d'Q}{T} \tag{5.12}$$

を新たに定義し，(2.5) を準静的微小変化に対して

$$dU = d'Q + d'W = T\,dS - p\,dV \tag{5.13}$$

と表すことだった．ここで，クラウジウスは新しく導入した状態量 S を，意図的にエネルギーという語に似た「変換」という意味のギリシャ語**エントロピー**($\check{\eta}\tau\rho o\pi\eta$) と命名した．エントロピーの SI 単位は J/K である．なお，状態量であるためには任意の経路で周回積分した値がゼロとなる必要があるが，この条件は先に (5.7) で

$$\oint dS = \oint \frac{d'Q}{T} = 0 \tag{5.14}$$

から満足されていたのである．

5.4 *T-S* 図上での状態量の変化

5.4.1 *T-S* 図上でのカルノー・サイクル

ここで，エントロピーという状態量が登場したので，これまで *p-V* 図で理解してきた状態量変化を，新たな図——すなわち，縦軸に温度，横軸にエントロピーをとる *T-S* 図からも理解してみよう．

図 5.5 にカルノー・サイクルの *T-S* 図を示す．カルノー・サイクルでは，2 つの準静的等温過程と 2 つの準静的断熱過程（等エントロピー過程）から構成されるので，単純な長方形で表される．

---

[46] たとえば理想気体の場合について考えると，内部エネルギーは系が熱を外界とやりとりしながら等温変化をするときは変わらないので可能性はない．体積も系が熱を外界とやりとりがなくても定積変化できるので可能性はない．

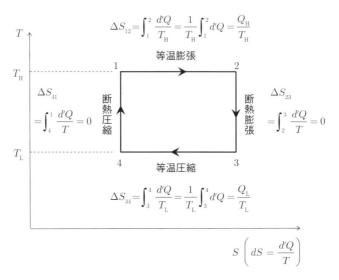

図 5.5　T-S 図でのカルノー・サイクル

状態 1 → 状態 2

等温加熱 $T = T_\mathrm{H} = $ 一定 のため，図中では水平右方に向かい

$$\Delta S_{12} = S_2 - S_1 = \int_1^2 dS = \frac{1}{T_\mathrm{H}} \int_1^2 d'Q = \frac{Q_\mathrm{H}}{T_\mathrm{H}} \tag{5.15}$$

となる．系に熱が加わると系のエントロピーは増える．

状態 2 → 状態 3

断熱膨張のため $d'Q = 0$ で，図中では鉛直下方に向かい

$$\Delta S_{23} = S_3 - S_2 = \int_2^3 dS = \int_2^3 \frac{d'Q}{T} = 0 \tag{5.16}$$

断熱可逆変化ではエントロピーは変化しない．

状態 3 → 状態 4

等温冷却 $T = T_\mathrm{L} = $ 一定 のため，図中では水平左方に向かい

$$\Delta S_{34} = S_4 - S_3 = \int_3^4 dS = \frac{1}{T_\mathrm{L}} \int_3^4 d'Q = \frac{Q_\mathrm{L}}{T_\mathrm{L}} \tag{5.17}$$

となる（Q_L は負の値であることに注意）．系から熱が出ると系のエントロピーは減る．

状態 4 → 状態 1

断熱圧縮のため $d'Q = 0$ で，図中では鉛直上方に向かい

$$\Delta S_{41} = S_1 - S_4 = \int_4^1 dS = \int_4^1 \frac{d'Q}{T} = 0 \tag{5.18}$$

断熱可逆変化ではエントロピーは変化しない．

1 サイクルで系に入る正味の熱 Q_{net} は

$$\begin{aligned} Q_{\mathrm{net}} &= \oint dQ = \oint T\,dS \\ &= \int_1^2 T_{\mathrm{H}}\,dS + \int_3^4 T_{\mathrm{L}}\,dS = T_{\mathrm{H}} \int_1^2 dS + T_{\mathrm{L}} \int_3^4 dS \\ &= (T_{\mathrm{H}} - T_{\mathrm{L}}) \cdot (S_2 - S_1) \end{aligned} \tag{5.19}$$

となり，T-S 図上の長方形の面積に等しい．なお，4.5 節および 5.2.1 項で述べたように

$$W_{\mathrm{net}} = Q_{\mathrm{H}} - Q_{\mathrm{L}} = Q_{\mathrm{net}} \tag{5.2}$$

であるので，この長方形の面積は正味の仕事も表している．

5.4.2 T-S 図上での一般の可逆サイクル

カルノー・サイクルは 4 つの過程から構成されていたので，T-S 図上で閉じた線は長方形になったが，一般に熱を受け取って仕事をする可逆サイクルは，図 5.6 に示すように，T-S 図上で時計回りに変化する閉じた線で考えることができる．

ここで，図 5.3 の p-V 図上で展開した議論が，図 5.7 に示す T-S 図上でも同様に行える．任意の可逆サイクルは微小な温度差間の等温線（細い点線）と断熱変化の線（太い点線）とで囲まれるカルノー・サイクル（四辺形）に分割して近似できる．隣り合うカルノー・サイクルは等温線を（全部ではないが大部分）共有し，高温側は等温圧縮，低温側は等温膨張と方向が逆で，同じ量の熱

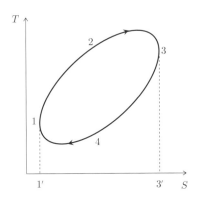

図5.6　T-S 図でのサイクル

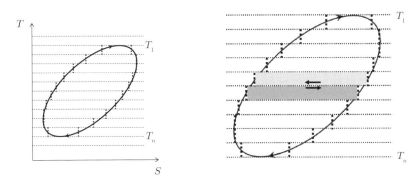

図5.7　一般の可逆サイクルを微小温度差のカルノー・サイクルで分割（右は拡大図）

を受け渡すことになる．そして，これらの温度差を無限小にした極限で，言い換えれば無限個のカルノー・サイクルに分解した極限で，一般の可逆サイクルが表されることは直感的に理解される．

　一方，図5.4と同様に，図5.8のように任意の可逆サイクルを断熱線で分割することにより，図中の太い実線で近似することも可能であり，クラウジウスの関係式が導かれることは，先に述べたとおりである．

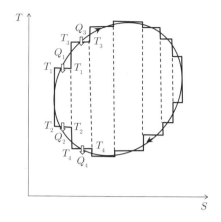

図 5.8　一般の可逆サイクルを断熱線基準のカルノー・サイクルで分割

5.5　エントロピーによる熱力学第2法則の定式化

　エントロピーという状態量を導入することにより，4.6 節で言葉でのみ示した
熱力学第2法則を，ようやく数学的に表現できるときがやってきた．

　そのためにまず，クラウジウスの不等式 (5.11) を非可逆過程を含む任意の熱
力学サイクルに適用してみる．すなわち，図 5.9 に示すように，状態 A から状
態 B まで非可逆変化 IR (irreversible) をした後，状態 B から状態 A まで可逆
変化 R で戻る場合を考える．エントロピー自体は状態量であるから，状態 A と
状態 B のエントロピーの変化量（差）は，どのような過程をたどっても，同一
である．

　ここで，2.7 節（脚注 17）で系外の圧力を $p^{(e)}$ としたのと同様に系外の熱源温
度を $T^{(e)}$ としよう．このときのサイクルにクラウジウスの不等式を適用すると

$$\underbrace{\int_{A}^{B} \frac{d'Q}{T^{(e)}}}_{C_{IR}} + \underbrace{\int_{B}^{A} \frac{d'Q}{T}}_{C_{R}} \leq 0 \tag{5.20}$$

のように，左辺第1項は非可逆変化であるため温度としては $T^{(e)}$ を用いるしか
ないが，左辺第2項は可逆変化であるため熱源温度 $T^{(e)}$ と系の温度 T は等し
いことから T で表すことができる．左辺第2項はエントロピーを用いて書き直

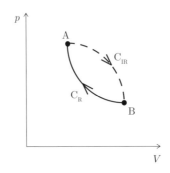

図 5.9　非可逆過程と可逆過程とで構成されるサイクル

すことができ

$$\int_{\mathrm{A}}^{\mathrm{B}} \frac{d'Q}{T^{(\mathrm{e})}} + (S_{\mathrm{A}} - S_{\mathrm{B}}) \leq 0 \tag{5.21}$$

であるから,

$$(S_{\mathrm{B}} - S_{\mathrm{A}}) \geq \int_{\mathrm{A}}^{\mathrm{B}} \frac{d'Q}{T^{(\mathrm{e})}} \tag{5.22}$$

となる. ここで, 等号は $\mathrm{C_{IR}}$ が非可逆変化でなく可逆変化である場合のみ成り立つ. (5.22) で, 右辺の温度は外部熱源の温度 $T^{(\mathrm{e})}$ になっているから, 外部熱源から出ていったエントロピーとみなせる. このように考えると, (5.22) は, 非可逆過程で A→B なる変化をしたとき, 系のエントロピー増加は, 熱源から出ていったエントロピーより大きいことを表している. つまり, 非可逆変化過程で全体としてエントロピーが発生したのである.

　微小変化に対しては

$$dS \geq \frac{d'Q}{T^{(\mathrm{e})}} \tag{5.23}$$

と表される. (5.22) と (5.23) は, 熱力学の第2法則を定式化したものである.

　なお, 閉鎖系で断熱条件も課せられた場合, すなわち孤立系では, 微小変化に対する (5.23) の右辺がゼロになるので次式が導かれる.

$$dS \geq 0 \tag{5.24}$$

したがって非可逆過程の場合, 熱の出入りがなくてもエントロピーが増加する方

向に変化が進み続け，これを**エントロピー増加の原理** (the principle of entropy increase) とよぶ．その結果，平衡状態はエントロピーが最大になった状態であり，これを**エントロピー最大の原理** (the entropy maximum principle) とよぶ．

エントロピーの絶対値と熱力学第 3 法則

　エントロピーに関するここまでの説明で気づいた読者もいると思うが，エントロピーという状態量は，多くの場合その変化量が重要な意味を有するという点で，やはり変化量が重要な意味を有する内部エネルギーなど共通するところがある．ただし，エントロピーはその絶対量自体も問題になる場合があるので，ここで**熱力学第 3 法則** (the third law of thermodaynamics) も追加しておこう．これは，1906 年にネルンスト (Walther Nernst, 1864–1941) が，温度が絶対零度に近づくにつれて系の状態変化にともなうエントロピー変化が小さくなるという実験事実に基づいて

$$\lim_{T \to 0} \Delta S = 0 \tag{5.25}$$

が一般的に成り立つ法則であるとし，さらにプランクが

$$\lim_{T \to 0} S = 0 \tag{5.26}$$

と定義したもので，**ネルンスト–プランクの定理** (Nernst-Planck Theorem) ともいう．

▌5.6　理想気体におけるエントロピー

　本節では，理想気体を対象としてエントロピーがどのように表されるかみてみよう．

　図 5.10 で状態 1 から状態 2 へ任意の変化をする場合，状態量であるエントロピーの変化は可逆過程でも非可逆過程でも変わらない[47]．しかし，その際のエントロピー変化を計算するためには可逆過程をたどる必要がある（たどらない限り計算できない）．そこで状態 1 を通る断熱線と状態 2 を通る等温線をひい

---

[47] ただし非可逆変化の場合，状態図には表現することはできないので，図 5.10 では状態 1 と状態 2 の間を点線で結んでいる．5.7 節の中の問題ではこの方法を適用する．

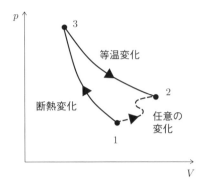

図 5.10　任意の変化の準静的断熱変化と準静的等温変化への分解

て交点 3 を求めておき，状態 1→3 の準静的断熱変化と状態 3→2 の準静的等温変化をする場合について考える．

まず，この任意の過程は

$$S_2 - S_1 = (S_3 - S_1) + (S_2 - S_3) = \int_1^3 dS + \int_3^2 dS \tag{5.27}$$

と表されるが，状態 1→3 は準静的断熱変化なので

$$S_3 - S_1 = \int_1^3 dS = \int_1^3 \frac{d'Q}{T} = 0 \tag{5.28}$$

となる．一方，状態 3→2 は準静的等温変化なので温度は積分の外に出て

$$S_2 - S_3 = \int_3^2 dS = \int_3^2 \frac{d'Q}{T} = \frac{1}{T_2} \int_3^2 d'Q = \frac{Q_{32}}{T_2} \tag{5.29}$$

となる．ここまでは一般的に成り立つが，いま，系が理想気体だとすると，理想気体の準静的等温変化での熱は (3.49) から（ただし，ここでは (3.49) と違って，熱や仕事は系が受けるときを正としていることに注意）

$$Q_{32} = -W_{32} = -\left(-\int_3^2 p\,dV \right) = \int_3^2 \frac{nRT_2}{V}dV = nRT_2 \ln \frac{V_2}{V_3} \tag{5.30}$$

ゆえ，(5.29) に代入して

$$S_2 - S_3 = nR \ln \frac{V_2}{V_3} \tag{5.31}$$

となる．断熱線と等温線の交点とした状態 3 の状態量と，状態 1 と状態 2 の状態量の関係は

$$p_1 V_1^\gamma = p_3 V_3^\gamma \quad \text{および} \quad p_3 V_3 = p_2 V_2 \tag{5.32}$$

だから両式から p_3 を消去すると

$$V_3^{\gamma-1} = \frac{p_1 V_1^\gamma}{p_2 V_2} \tag{5.33}$$

となる．(5.28) より $S_1 = S_3$ だから (5.31) は

$$S_2 - S_1 = S_2 - S_3 = nR \ln \left(\frac{p_2 V_2^\gamma}{p_1 V_1^\gamma} \right)^{\gamma-1}$$
$$= \frac{nR}{\gamma - 1} \ln \frac{p_2 V_2^\gamma}{p_1 V_1^\gamma} = C_V \ln \frac{p_2 V_2^\gamma}{p_1 V_1^\gamma} \tag{5.34}$$

となる．したがって，理想気体のエントロピーは

$$S(p, V) = C_V \ln \frac{pV^\gamma}{定数} \tag{5.35}$$

である [48]．

微分形は，定積熱容量が一定であるので

$$dS = C_V \, d \left(\ln \frac{pV^\gamma}{定数} \right)$$
$$= C_V \left(\frac{dp}{p} + \gamma \frac{dV}{V} \right) = C_V \frac{dp}{p} + C_p \frac{dV}{V} \tag{5.36}$$

となる．

ここで，以下の 5.7.2 項の例題を含め，種々の理想気体を対象とする問題を解くための準備として，(5.35) と (5.36) にそれぞれ状態方程式 (3.6) を適用して他の形にも展開しておこう．

---

[48] 理想気体の状態方程式から導出されるエントロピーは，ネルンスト・プランクの定理 (5.26) を満足しないが，もともと熱力学的温度が 0 の極限では実在の物質は気体状態では存在しないので，理想気体の状態方程式もその極限では実在の物質に対応していない．

$$S(p, V) = C_V \ln \frac{p}{\text{定数 } 1} + C_p \ln \frac{V}{\text{定数 } 2}$$

$$= S(T, V) = C_V \ln \frac{T}{\text{定数 } 3} + nR \ln \frac{V}{\text{定数 } 4}$$

$$= S(T, p) = C_p \ln \frac{T}{\text{定数 } 5} - nR \ln \frac{p}{\text{定数 } 6} \tag{5.35$'$}$$

なお，(5.35)，(5.36)，(5.35$'$) においては，対数の中の量は無名数（無次元数）であるので種々の定数（有次元）で除する形で表現した．ただし，この厳密な表記を徹底すると煩雑であるので，以下では便宜上，対数の中の諸定数を省略して対数の外に出した形で表記することにする．

微小変化 dS については

$$dS = C_V \frac{dp}{p} + C_p \frac{dV}{V}$$

$$= C_V \frac{dT}{T} + nR \frac{dV}{V} = C_p \frac{dT}{T} - nR \frac{dp}{p} \tag{5.36$'$}$$

5.7 非可逆過程におけるエントロピー変化の例

5.7.1 熱伝導にともなうエントロピー発生

次に，熱伝導（熱の拡散）にともなうエントロピー変化を計算してみよう．図5.11 の左図のように異なる温度 T_A と T_B の2物体 A と B が断熱壁で隔てられているとする．（ただし $T_A > T_B$ とする）．この断熱壁を右図にように透熱壁に変えて A と B を接触させたところ，熱伝導によってしばらくして両者の温度が等しく T' になったとする．なお，A も B も温度変化にともなう体積変化は

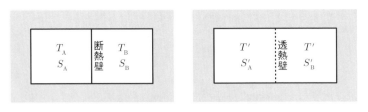

図 5.11 異なる温度の物体間の熱伝導

なく，熱容量はともに C で温度依存性もないとする．また A も B も外界とは断熱されているとする．

　ここで，先ほどと同様に準静的に変化する過程に沿ってエントロピー変化を考えよう．物体 A についてみると，(T_A, S_A) という熱平衡状態から (T', S'_A) という熱平衡状態に移ったのであるから，A よりわずかに（無限小だけ）温度の低い熱源に次々に接触させて最終温度 T' まで徐々に冷却する準静的過程を考えればよい．逆に，B については，B よりわずかに（無限小だけ）温度の高い熱源に次々に接触させて最終温度 T' まで徐々に加熱する準静的過程を考えればよい．この場合，熱力学第 1 法則で体積変化がないので，熱容量を C とすると

$$d'Q = C\,dT \tag{5.37}$$

より，A については

$$S'_A - S_A = \int_A^{A'} \frac{d'Q}{T} = \int_A^{A'} \frac{C\,dT}{T} = C \ln \frac{T'}{T_A} \tag{5.38}$$

となり，同様に B についても

$$S'_B - S_B = C \ln \frac{T'}{T_B} \tag{5.39}$$

となるので，エントロピー変化の総和は

$$\Delta S = (S'_A + S'_B) - (S_A + S_B) = C \ln \frac{T'^2}{T_A T_B} \tag{5.40}$$

になる．

　ここで，A から流れ出た熱は B に流れ込んだ熱に等しいから，T' は

$$C(T_A - T') = C(T' - T_B) \tag{5.41}$$

より

$$T' = \frac{T_A + T_B}{2} \tag{5.42}$$

したがって

$$\Delta S = C \ln \frac{T'^2}{T_A T_B} > 0 \qquad \because T' = \frac{T_A + T_B}{2} \geq \sqrt{T_A T_B} \tag{5.43}$$

となり，この非可逆過程である孤立系のエントロピーは増えることがわかる．
（断熱条件なので，エントロピーが系外から流れ込んだのではなく，系内で発生
したと考えられる．次の 5.7.2 項で扱う現象も同様で，より詳細に説明を加え
たので参照してほしい．）

5.7.2　理想気体の自由膨張にともなうエントロピー発生

　図 3.6 で示したような理想気体の自由膨張を考えよう（図 5.12）．温度 T_0 で
容器体積 V_0 の中の理想気体が同体積の真空容器とつながれて非可逆的に膨張
（物質が拡散）し，体積が V_0 から $2V_0$ に変化する場合を考える．容器は断熱であ
るとする．明らかに外部への仕事はない．この場合，3.9 節でも述べたように，
熱力学の第 1 法則から内部エネルギー U は一定であり温度 T も一定である．

　実はこの問題も，5.7.1 項で述べたような断熱でもエントロピーが増える例で
ある．

　まず，エントロピーは状態量なので，変化の過程が可逆でも非可逆でもとに
かく変化前と変化後の状態それぞれで決まっている．したがって，現実には最
初に 2 つの空間を仕切っていた隔壁を一挙にこわして瞬間的に拡散したとして
も，仮想的に同温の熱源（図 5.12 には陽には現れない）から熱を少しずつもら
いながら等温で隔壁を準静的にじわじわと中央から右端にスライドさせようが，
はじめと後の状態のエントロピー変化は変わらない．そこで，計算が可能な後

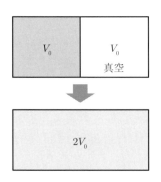

図 5.12　真空中への自由膨張（ジュールの実験）

者の場合

$$dS = \frac{d'Q}{T} = C_V \frac{dT}{T} + nR\frac{dV}{V} = C_p \frac{dT}{T} - nR\frac{dp}{p} \tag{5.36'}$$

であるので，ここで $dT = 0$ とおいて膨張前から膨張後まで積分すればエント
ロピー変化は，膨張前と膨張後では体積が 2 倍に増加あるいは圧力が 1/2 に減
少することに着目すれば

$$\Delta S = \int_{\text{膨張前}}^{\text{膨張後}} nR\frac{dV}{V} = nR\ln 2 \tag{5.44}$$

$$\Delta S = -\int_{\text{膨張前}}^{\text{膨張後}} nR\frac{dp}{p} = nR\ln 2 \tag{5.45}$$

となる．なお，積分形で示した (5.34) から

$$\begin{aligned}
\Delta S &= S_2 - S_1 \\
&= \frac{nR}{\gamma - 1}\ln\frac{p_2 V_2^{\gamma}}{p_1 V_1^{\gamma}} = \frac{nR}{\gamma - 1}\ln\frac{2^{\gamma}}{2} = \frac{nR}{\gamma - 1}\ln 2^{(\gamma-1)} \\
&= nR\ln 2 \tag{5.46}
\end{aligned}$$

のように求めることもできる．したがって (5.44), (5.45), (5.46) は非可逆的に
膨張する場合のエントロピー増加を示している．

　この場合も，5.7.1 項と同様に，熱の出入りがない非可逆過程でエントロピー
が増加している．そうすると，上記で参照に用いた可逆過程でエントロピーが
増加したのはどのように理解すればよいのであろうか？　表 5.1 にまとめたよ

表 5.1 非可逆過程と可逆過程（外部熱源を含めた）の比較

	系内の エントロピー 変化	系外 (熱源) の エントロピー 変化	解釈
気体が熱源と熱のや りとりをしながら膨 張する可逆変化	ΔS	$-\Delta S$	系内と系外の全体でみると， エントロピー変化なし，単 に移動した
気体が自由膨張した 非可逆変換過程	ΔS		系内で発生した

うに，可逆変化の場合は外部の同温の熱源から熱を少しずつもらいながらという要素が加わる．つまり，可逆過程で考えた場合は（図 5.12 では陽には示していない）外部熱源のエントロピーが減少 ($-\Delta S$) しているので，外部熱源と容器内の気体の全体で考えたときにエントロピー変化はなく，エントロピーは外部熱源から気体に単に移動したと考えられる．これに対し，図 5.12 に示される非可逆の系では，系の外でエントロピーが減っていないのにエントロピーが増えている．この場合はエントロピーは外部から移動したのではなく発生したと考えるのである．（5.7.1 項の例題の場合も同様に考えられる．）

章末問題

5.1 理想気体の初期状態が圧力 p_1，体積 V_1，温度 T_1 であるとする．これを，体積一定で温度 T_2 にまで上昇させる場合と，圧力一定で温度 T_2 にまで上昇させる場合を考える．まず，これらの変化を 1 つの p-V 面上に描け．また，これらの変化にともなうエントロピー増加は後者の場合が前者の場合の比熱比 γ 倍であることを示せ．ただし，定積熱容量と定圧熱容量は一定であるとする．

5.2 理想気体の変化を T-S 面上で考えよう．まず，カルノー・サイクルを構成した等温変化では水平線（勾配 0），断熱変化では垂（鉛）直線（勾配 $\pm\infty$）で表せた．これに対し，定積変化に対する勾配 $\left(\dfrac{\partial T}{\partial S}\right)_V$ と定圧変化に対する勾配 $\left(\dfrac{\partial T}{\partial S}\right)_p$ を，それぞれ定積変化あるいは定圧変化に対する熱容量を用いて書き換えよ．

5.3 第 4 章の問題 4.1 について，出発点としたカルノー・サイクル C_A と，仕事を 2 倍にしたカルノー・サイクル C_B を，p-V 図および T-S 図で比べてみよ．（前者を実線，後者を破線として同じ図上に描け．）

自由エネルギーの導入と平衡 ―熱力学第2法則(3)―

▌6.1 エントロピーを出発点に位置づけた熱力学の展開

第4章でトムソンによる熱力学温度が導入さ
れ,第5章ではクラウジウスによるエントロピー
が導入されて,熱力学が展開される基礎準備が
整った.これらの後を受けて,熱力学を体系化
するのに貢献したのが,ヨーロッパから見れば
「新大陸」とよばれた米国の**ギブズ**[49](Josiah
Gibbs, 1839–1903, 図6.1)である.第6章で
は,まずエントロピーを熱力学第1法則の基本
式に組み込んで定式化を進めよう.

図6.1 ギブズ

まず,熱力学第1法則は準静的過程の場合,(2.8)

$$dU = d'Q + d'W = d'Q - p\,dV \quad (準静的過程)$$

と,(5.12) を変形した

$$d'Q = T\,dS \tag{5.12′}$$

から

$$dU = T\,dS - p\,dV \quad (準静的過程) \tag{6.1}$$

と表すことができる.ここで,エントロピーという状態量を熱力学の出発点に
位置づけ,ギブズはここから新たな熱力学の体系化に進んだのである.(6.1) か

---

49) 微妙な発音なのでギブスとしている書も多い.

ら示唆されるように，固体を除いて気体や液体の熱力学は，基本的には，温度
T，圧力 p，体積 V，内部エネルギー U，エントロピー S の 5 個の状態量で記
述される（ただし，独立変数は 2 個）．

なお，準静的過程における熱力学第 1 法則式を表す (6.1) は，左辺の内部エ
ネルギーの全微分が，右辺ではエントロピー S と体積 V を独立変数として表
されたと見ることもでき，このことを $U(S, V)$ と明記すると，全微分と偏微分
の関係式から

$$dU(S, V) = \left(\frac{\partial U}{\partial S}\right)_V dS + \left(\frac{\partial U}{\partial V}\right)_S dV = T\,dS - p\,dV \tag{6.1$'$}$$

となる（後出の (6.20) 参照）．このように内部エネルギー U の場合，(S, V) を
独立変数とすることにより，その全微分 $dU(S, V)$ に対する dS と dV の係数
が単純な物理量 (T, p) で表せる．このことから，S と V は U の**自然な独立変
数** (natural independent variable) であるという．

6.2 ルジャンドル変換と 4 種類のエネルギー（熱力学関数）

ここで，数学的な視点から熱力学関係式を眺めてみよう．つまり，(6.1) には，
内部エネルギー U のほか，4 個の状態量 p, T, V, S が全部含まれているので，
これらの中から 2 つを独立変数として選び直すことによって，どのような熱力
学関係式を導くことができるかみてみよう．その操作を可能にするのが**ルジャ
ンドル変換** (Legendre transform)[50] である．

関数 $\Phi(x, y, z, \cdots)$（ファイ）の全微分

$$d\Phi(x, y, z, \cdots) = X\,dx + Y\,dy + Z\,dz + \cdots \tag{6.2}$$

を考える．ここで

$$\frac{\partial \Phi}{\partial x} = X, \quad \frac{\partial \Phi}{\partial y} = Y, \quad \frac{\partial \Phi}{\partial z} = Z, \cdots \tag{6.3}$$

である．このとき，独立変数の 1 つについて，たとえば x を X に取り替えるに

---

[50] ルジャンドル (Adrien-Marie Legendre, 1752–1833) はフランスの数学者．

は，$\Phi(x, y, z, \cdots)$ に代わって，新たな関数 $\Psi(X, y, z, \cdots)$（プサイ）を以下のように定義すればよい．

$$\Psi(X, y, z, \cdots) \equiv \Phi(x, y, z, \cdots) - Xx \tag{6.4}$$

そうすると $\Psi(X, y, z, \cdots)$ の全微分は

$$\begin{aligned} d\Psi(X, y, z, \cdots) &= d(\Phi - Xx) = d\Phi - d(Xx) \\ &= (X\,dx + Y\,dy + Z\,dz + \cdots) - x\,dX - X\,dx \\ &= -x\,dX + Y\,dy + Z\,dz + \cdots \end{aligned} \tag{6.5}$$

となり，$X\,dx$ が消えて $-x\,dX$ となっている．

このような数学的操作により，以下のような新たな状態量が得られる．

エンタルピー

内部エネルギー $U(S, V)$ から，独立変数として $(S, V) \to (S, p)$ の変換（(6.4) における $X = -p,\ x = V$）をすると，

$$\begin{aligned} d(U + pV) &= dU + V\,dp + p\,dV \\ &= (T\,dS - p\,dV) + V\,dp + p\,dV \\ &= T\,dS + V\,dp \end{aligned} \tag{6.6}$$

となり，ここで状態量 $(U + pV)$ は，3.7 節で導入した**エンタルピー**

$$H \equiv U + pV \tag{6.7}$$

である．(6.7) を (6.6) に代入するとともに，いま注目している独立変数を明記すると

$$dH(S, p) = \left(\frac{\partial H}{\partial S}\right)_p dS + \left(\frac{\partial H}{\partial p}\right)_S dp = T\,dS + V\,dp \tag{6.8}$$

となる．

ヘルムホルツの自由エネルギー

内部エネルギー $U(S, V)$ から，独立変数として $(S, V) \to (T, V)$ の変換（(6.4) における $X = T,\ x = S$）をすると，

$$d(U - TS) = dU - S\,dT - T\,dS$$
$$= (T\,dS - p\,dV) - S\,dT - T\,dS$$
$$= -S\,dT - p\,dV \qquad (6.9)$$

図 **6.2** ヘルムホルツ

ここで，新たな状態量として

$$F \equiv U - TS \qquad (6.10)$$

を定義し，ヘルムホルツの自由エネルギー (Helmholz free energy) とよぶ．(6.10) を (6.9) に代入するとともに，いま注目している独立変数を明記すると

$$dF(T, V) = \left(\frac{\partial F}{\partial T}\right)_V dT + \left(\frac{\partial F}{\partial V}\right)_T dV = -S\,dT - p\,dV \qquad (6.11)$$

となる．

ギブズの自由エネルギー

エンタルピー $H(S, p)$ から，独立変数として $(S, p) \to (T, p)$ の変換（(6.4) における $X = T,\ x = S$）をすると

$$d(H - TS) = dH - S\,dT - T\,dS$$
$$= (T\,dS + V\,dp) - S\,dT - T\,dS$$
$$= -S\,dT + V\,dp \qquad (6.12)$$

あるいはヘルムホルツの自由エネルギー $F(T, V)$ から，独立変数として $(T, V) \to (T, p)$ の変換（(6.4) における $X = -p,\ x = V$）をすると，

$$d(F + pV) = dF + V\,dp + p\,dV$$
$$= (-S\,dT - p\,dV) + V\,dp + p\,dV$$
$$= -S\,dT + V\,dp \qquad (6.13)$$

ここで，新たな状態量として

$$G \equiv H - TS = U + pV - TS$$
$$= (U - TS) + pV = F + pV \tag{6.14}$$

を定義し，**ギブズの自由エネルギー** (Gibbs free energy) とよぶ．(6.14) を (6.12) あるいは (6.13) に代入するとともに，いま注目している独立変数を明記すると

$$dG(T, p) = \left(\frac{\partial G}{\partial T}\right)_p dT + \left(\frac{\partial G}{\partial p}\right)_T dp = -S\, dT + V\, dp \tag{6.15}$$

となる[51]．

　内部エネルギー U，およびルジャンドル変換で求まった H, F, G の 4 つの状態量は**熱力学関数** (thermodynamic function) とよばれる．H, F, G は，いずれも準静的過程における熱力学第 1 法則を出発点として，U に 4 つの状態量 (p, V, S, T) の中から積 pV あるいは TS を組み合わせた形になっているので，異なる視点を明示する可能性を有している．これらのそれぞれを $U(S, V)$, $H(S, p)$, $F(T, V)$, $G(T, p)$ と表記するとき，( ) 内の変数はそれぞれの熱力学関数の自然な独立変数である．それらを図 6.3 に整理して示す．中央にある 4 つの正方形の中に示したのが自然な独立変数であり，それらを取り囲むように 4 つの熱力学関数を配置した．先ほどのルジャンドル変換では，

- 内部エネルギー U から時計回りにエンタルピー H，
- 内部エネルギー U から反時計回りにヘルムホルツの自由エネルギー F，
- エンタルピー H から時計回りにギブズの自由エネルギー G，あるいはヘルムホルツの自由エネルギー F から反時計回りにギブズの自由エネルギー G

に変換したことになる．

---

[51] このような関数の導入はギブズにより 1875 年から 1878 年になされた．しかし，ヘルムホルツの自由エネルギーは 1882 年にヘルムホルツが独立に導入し，またギブズの自由エネルギーも 1887 年にプランクが独立に導入した．

図 6.3　4種類の熱力学関数とその自然な独立変数

6.3　定圧変化におけるエンタルピーと等温変化における自由エネルギー

　前節では，ルジャンドル変換という数学的操作の結果，エンタルピーや自由エネルギーという状態量を導入したが，これらの状態量を用いることによる数学的表現（数式展開）上のメリットについて確認しておこう．

　エンタルピー H については，すでに 3.7 節の (3.27) で確認したように，定圧 $(dp = 0)$ で体積 V が変化する場合には

$$dH = dU + d\,(pV) = dU + p\,dV + V\,dp$$
$$= dU + p\,dV = d'Q \quad (p \text{一定のとき}) \tag{3.27}$$

から定圧熱容量は，

$$C_p \equiv \left(\frac{d'Q}{dT}\right)_p = \left(\frac{\partial H}{\partial T}\right)_p \quad (p \text{一定のとき}) \tag{3.29}$$

と簡単に表すことができた．

　一方，内部エネルギー U から TS を引いたヘルムホルツの自由エネルギー F について等温 $(dT = 0)$ で体積 V が変化する場合を考えてみよう．可逆変化の場合，(6.1) から外部に取り出せる仕事は

$$-p\,dV = dU - T\,dS \tag{6.16}$$

であるが，等温変化を考えるには右辺で dT が陽に見えるように，

$$-p\,dV = dU - T\,dS = d(U - TS) - S\,dT = dF - S\,dT \tag{6.17}$$

と変形し，$dT = 0$ とおくと

$$-p\,dV = dF \quad (T\text{ 一定のとき}) \tag{6.18}$$

となる．すなわち，等温変化で外部から仕事をされると内部エネルギー U から TS という量を引いたヘルムホルツの自由エネルギー F が増加し，逆に外部に仕事をするとヘルムホルツの自由エネルギー F が減少する．言い換えると，可逆等温変化の場合に仕事として系外に自由に取り出せる可能性があるのは，内部エネルギー全部ではなく内部エネルギー U から TS を差し引いたエネルギーの変化分である．

ここで，読者は新しいことを学んだように思うかもしれないが，3.9 節で述べた理想気体における可逆等温変化の例を思い起こしてみると，そうでもないことがわかる．すなわち，等温つまり内部エネルギーが一定の状態で外部に膨張仕事をするためには，（断熱膨張の場合から理解されるように）系の温度が低下しないように膨張仕事と等しい熱を加える必要があり，この系外から加える熱（内部エネルギーとは符号が逆）を考慮した正味のエネルギー変化は，ヘルムホルツの自由エネルギーの変化に相当するということにすぎない．なお，ヘルムホルツの自由エネルギー F を定義するときに内部エネルギー U から差し引いた TS というエネルギーは**束縛エネルギー** (bound energy) とよばれることもあるが，等温変化の場合に等温の作業物質の中に留まるエネルギーという程度の意味である．

なお，ギブズの自由エネルギー G の場合も，可逆等温変化の場合，(6.12) あるいは (6.15) から

$$V\,dp = d(H - TS) = dG \quad (T\text{ 一定のとき}) \tag{6.19}$$

という関係が得られる．ここで，左辺の $V\,dp$ という量は，現実のさまざまな熱機関で仕事を考える場合には重要となることを付記する．

6.4　マクスウェルの関係式

(6.1′), (6.8), (6.11), (6.15) の中辺と右辺を比較してみよう. すなわち

$$dZ(X,Y) = \left(\frac{\partial Z}{\partial X}\right)_Y dX + \left(\frac{\partial Z}{\partial Y}\right)_X dY = A\,dX + B\,dY \qquad (6.20)$$

の関係を考慮して, 中辺と右辺を比べることにより, T, p, V, S (いずれも非負の量) につき, 以下の関係式が得られる.

$$T = \left(\frac{\partial U}{\partial S}\right)_V, \qquad p = -\left(\frac{\partial U}{\partial V}\right)_S \qquad (6.21)$$

$$T = \left(\frac{\partial H}{\partial S}\right)_p, \qquad V = \left(\frac{\partial H}{\partial p}\right)_S \qquad (6.22)$$

$$S = -\left(\frac{\partial F}{\partial T}\right)_V, \qquad p = -\left(\frac{\partial F}{\partial V}\right)_T \qquad (6.23)$$

$$S = -\left(\frac{\partial G}{\partial T}\right)_p, \qquad V = \left(\frac{\partial G}{\partial p}\right)_T \qquad (6.24)$$

なお, 示量性状態量 (U, H, F, G) を示量性状態量 (S, V) で微分すると示強性状態量 (T, p) になり, 示量性状態量を示強性状態量で微分すると示量性状態量になる.

さらに (6.20) から

$$\left(\frac{\partial A}{\partial Y}\right)_X = \left[\frac{\partial}{\partial Y}\left(\frac{\partial Z}{\partial X}\right)_Y\right]_X = \left[\frac{\partial}{\partial X}\left(\frac{\partial Z}{\partial Y}\right)_X\right]_Y = \left(\frac{\partial B}{\partial X}\right)_Y \qquad (6.25)$$

の等式が成り立つので, (6.21)〜(6.24) より

$$\left(\frac{\partial T}{\partial V}\right)_S = -\left(\frac{\partial p}{\partial S}\right)_V \qquad (6.26)$$

$$\left(\frac{\partial T}{\partial p}\right)_S = \left(\frac{\partial V}{\partial S}\right)_p \qquad (6.27)$$

$$\left(\frac{\partial S}{\partial V}\right)_T = \left(\frac{\partial p}{\partial T}\right)_V \qquad (6.28)$$

$$\left(\frac{\partial S}{\partial p}\right)_T = -\left(\frac{\partial V}{\partial T}\right)_p \qquad (6.29)$$

となる．(6.26)〜(6.29) を，英国の**マクス
ウェル**（James Maxwell, 1831–1879, 図
6.4）[52] が 1871 年に導出したことから，**マ
クスウェルの関係式**（Maxwell's relations)
とよぶ．いずれの式にも，図 6.3 の中心部
にあった 4 つの自然な独立変数 p, S, T, V
が含まれていること，さらに，これらの式
の右辺か左辺のいずれかは，エントロピー

図 6.4　マクスウェル

S を含む偏微分で，他方は p, T, V の偏微分であることに注意しよう．すなわ
ち，これらの関係式は単に式展開する際に有用なだけでなく，測定や制御が困
難なエントロピーに関わる関係式を，測定や制御が比較的容易な状態量から導
くことを可能にする．すなわち，実験時に，温度，圧力，体積のどれを一定に
するのが容易であるかにより，これらの偏微分関係式の中からを適切なものを
選べばよい．なお，(6.26) と (6.27) の左辺ではエントロピーが一定，すなわち
断熱条件での関係式を表している．

　なお，マクスウェルの関係式を記憶から引き出すには原島鮮『熱力学・統計
力学』（改訂版，培風館，1978）によるチャートが記憶しやすいので，それと本
質的に同じものを図 6.5 に示す．図 6.3 の中央部と同様に p, S, T, V を並べ，
右上がりの方向である S と p，V と T の関係を考えるときには符号反転のメモ
を追加考慮する．このような約束に基づいて，T と p から左斜め下に眺めて，
各変数の頭に "∂" をつけて表すと，

$$\frac{\partial T}{\partial V} = -\frac{\partial p}{\partial S}$$

となる．また，S と p から右斜め下に眺めて，各変数の頭に "∂" をつけて表
すと，

$$\frac{\partial S}{\partial V} = \frac{\partial p}{\partial T}$$

---

[52] 熱力学以外にも電磁気学など広範な分野で重要な業績を残した．なお，マクスウェルはスコット
ランド出身という点ではワットと共通する．また，アイルランド出身ではあるがスコットランド
のグラスゴー大学で研究を行ったトムソンともに 19 世紀の最も偉大な物理学者に数えられる．

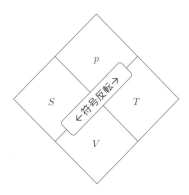

図 6.5 マクスウェルの関係式の記憶用チャート

のようになる．偏微分で固定する変数は左辺と右辺の分母を互いに交換したものだから自明で，それぞれ (6.26) と (6.28) が得られる．

6.5 マクスウェルの関係式の応用：エネルギーの方程式と熱容量

ここで，マクスウェルの関係式の応用例として，3.6 節の「熱容量」に関して補足しておこう．定圧熱容量と定積熱容量の差を表す式は

$$C_p - C_V = \left[\left(\frac{\partial U}{\partial V} \right)_T + p \right] \left(\frac{\partial V}{\partial T} \right)_p \tag{3.25}$$

であるが，$\left(\dfrac{\partial U}{\partial V} \right)_T$ という測定のむずかしい量が含まれている．（圧力や温度は比較的簡単に測れるが，そもそも内部エネルギーというのは直接計れるものではない．）そこで

$$dU = T\,dS - p\,dV \tag{6.1}$$

から，両辺を dV で割って温度を一定とおけば

$$\left(\frac{\partial U}{\partial V} \right)_T = T \left(\frac{\partial S}{\partial V} \right)_T - p \tag{6.30}$$

となるが，マクスウェルの関係式 (6.28) を使って S の偏微分を書き換えると

$$\left(\frac{\partial U}{\partial V}\right)_T = T\left(\frac{\partial p}{\partial T}\right)_V - p \tag{6.31}$$

となる．この式は，物質の状態方程式 $p = p(T, V)$ がわかっていれば，(6.31) から左辺 $(\partial U / \partial V)_T$ を求めることができることを示す式なので，**エネルギーの方程式** (energy equation) という．なお，第3章で理想気体に対して

$$\left(\frac{\partial U}{\partial V}\right)_T = 0 \tag{3.37}$$

であるとしたが，理想気体の状態方程式 (3.6) を (6.31) に代入することで確認できる．

ここで，一般の物質（気体だけでなく液体や固体を含む）について，(3.25) に (6.31) を代入すると

$$C_p - C_V = T\left(\frac{\partial p}{\partial T}\right)_V \left(\frac{\partial V}{\partial T}\right)_p \tag{6.32}$$

ここで $\left(\dfrac{\partial p}{\partial T}\right)_V$ は，(3.14)

$$\left(\frac{\partial x}{\partial y}\right)_z \left(\frac{\partial y}{\partial z}\right)_x \left(\frac{\partial z}{\partial x}\right)_y = -1$$

において $p \to x,\ T \to y,\ V \to z$ として

$$\left(\frac{\partial p}{\partial T}\right)_V \left(\frac{\partial T}{\partial V}\right)_p \left(\frac{\partial V}{\partial p}\right)_T = -1 \tag{6.33}$$

より

$$\left(\frac{\partial p}{\partial T}\right)_V = -\frac{1}{V}\left(\frac{\partial V}{\partial T}\right)_p \bigg/ \frac{1}{V}\left(\frac{\partial V}{\partial p}\right)_T = \beta/\kappa \tag{6.34}$$

となる．前述したように，κ は等温圧縮率 (3.32)，β は体膨張率 (3.33) で，ともに正の値である．(6.34) を (6.32) に代入すると

$$C_p - C_V = \frac{\beta^2}{\kappa}VT \geq 0 \tag{6.35}$$

となり，定圧熱容量は定積熱容量より（$T = 0$ でない限り）必ず大きく，その

差は体積変化の程度と密接に関係していることがわかる．通常は定圧熱容量を
求めて，(6.35) から定積熱容量を求めることが多い．

　なお，定積熱容量の体積依存性と定圧熱容量の圧力依存性についてもみてお
こう．まず，(3.20) と，$d'Q = T\,dS$ と，マクスウェルの関係式 (6.28) を用いて

$$
\begin{aligned}
\left(\frac{\partial C_V}{\partial V}\right)_T &= \left[T\frac{\partial}{\partial V}\left(\frac{\partial S}{\partial T}\right)_V\right]_T = \left[T\frac{\partial}{\partial T}\left(\frac{\partial S}{\partial V}\right)_T\right]_V \\
&= \left[T\frac{\partial}{\partial T}\left(\frac{\partial p}{\partial T}\right)_V\right]_V = T\left(\frac{\partial^2 p}{\partial T^2}\right)_V
\end{aligned}
\tag{6.36}
$$

同様に，(3.29) と，$d'Q = T\,dS$ と，マクスウェルの関係式 (6.29) を用いて

$$
\begin{aligned}
\left(\frac{\partial C_p}{\partial p}\right)_T &= \left[T\frac{\partial}{\partial p}\left(\frac{\partial S}{\partial T}\right)_p\right]_T = \left[T\frac{\partial}{\partial T}\left(\frac{\partial S}{\partial p}\right)_T\right]_p \\
&= -\left[T\frac{\partial}{\partial T}\left(\frac{\partial V}{\partial T}\right)_p\right]_p = -T\left(\frac{\partial^2 V}{\partial T^2}\right)_p
\end{aligned}
\tag{6.37}
$$

　なお，理想気体の場合は，状態方程式 (3.6) を (6.36) と (6.37) に代入するこ
とにより，両式ともゼロとなるので，温度が一定の場合，定積熱容量は体積に
依存せず，定圧熱容量は圧力に依存しないことがわかる．

6.6　熱力学第2法則から導かれる自由エネルギーと平衡の関係

　エントロピー S と温度 T の積を含む自由エネルギーという熱力学関数が導入
されたところで，5.5 節において熱力学第2法則を定式化した延長線上として，
さらに議論を進めよう．本節では熱力学第1法則（仕事に関しては準静的変化
の表現を適用している）

$$
dU = d'Q + d'W = d'Q - p\,dV
\tag{2.8}
$$

と熱力学第2法則

$$
d'Q \leq T^{(\mathrm{e})}\,dS
\tag{5.23}
$$

に基づき，両者を組み合わせた

$$dU \leq T^{(e)} dS - p\, dV \tag{6.38}$$

から出発しよう．

6.6.1 孤立系での平衡

孤立系，すなわち閉じた系で断熱条件も課せられた場合については，5.5 節で

$$dS \geq 0 \tag{5.24}$$

と示したように，非可逆過程の場合，熱の出入りがなくてもエントロピーが増加する方向に変化が進み続け（**エントロピー増加の原理**），平衡状態はエントロピーが最大になった状態である（**エントロピー最大の原理**）．

6.6.2 等温系での平衡

非可逆変化も含む (6.38) で左辺の内部エネルギーを，ヘルムホルツの自由エネルギーで $U = F + TS$ と書き換えると

$$dU = dF + d(TS) = dF + T\, dS + S\, dT$$
$$\leq T^{(e)} dS - p\, dV \tag{6.39}$$

等温変化 $(dT = 0)$ を考えると，

$$dF \leq \left(T^{(e)} - T \right) dS - p\, dV \tag{6.40}$$

であるが，外部の温度 $T^{(e)}$ が一定の場合，系の温度 T はそれで決まっている $(T = T^{(e)})$ はずだから

$$dF \leq -p\, dV \quad (T \text{ 一定のとき}) \tag{6.41}$$

符号を考慮して両辺を入れ替えると

$$p\, dV \leq -dF \quad (T \text{ 一定のとき}) \tag{6.42}$$

(6.42) の左辺は「系が外界にする絶対仕事」，右辺は「系の F の減少分」である．さらに定積変化 $dV = 0$ の場合，一般に起こりえる変化において，系の F は

$$dF \leq 0 \quad (T \text{ も } V \text{ も一定のとき}) \tag{6.43}$$

となり，等温定積変化の場合，F は減ることはあっても増えることはなく，F が減少して最小になったところで平衡状態になる．

　同様に，非可逆変化も含む (6.38) で左辺の内部エネルギーを，ギブズの自由エネルギーで $U = G + TS - pV$ と書き換えると

$$dG \leq T^{(e)}\,dS - p\,dV - T\,dS - S\,dT + V\,dp + p\,dV$$
$$= \left(T^{(e)} - T\right) dS - S\,dT + V\,dp \tag{6.44}$$

ここで任意の等温変化 $(T = T^{(e)})$ の場合

$$dG \leq V\,dp \quad (T \text{ 一定のとき}) \tag{6.45}$$

符号を考慮して両辺を入れ替えると

$$-V\,dp \leq -dG \quad (T \text{ 一定のとき}) \tag{6.46}$$

(6.46) の左辺は (6.19) で付記したように，現実のさまざまな熱機関が行う仕事を考える場合には重要となる量で，ここでは「系が外部にする仕事に類するもの」としておこう．(6.46) の右辺は「系の G の減少分」である．

　さらに定圧変化 $dp = 0$ の場合，一般に起こりえる変化において，系の G は

$$dG \leq 0 \quad (T \text{ も } p \text{ も一定のとき}) \tag{6.47}$$

となり，等温定圧変化の場合，G は減ることはあっても増えることはなく，G が減少して最小になったところで平衡状態になる．

　以上のように，熱力学の系は，「等温かつ定積」の条件ではヘルムホルツの自由エネルギーが，「等温かつ定圧」の条件ではギブズの自由エネルギーが，それ

ぞれ減るよう変化の坂を下降し続けるしかない．$(-TS)$ の項を含む自由エネルギーの減少は，エントロピーの増大と結びついていて，熱力学における平衡（変化の進む方向）を支配しているのである．

なお，最後に本章を遡って振り返ってみると，出発点は熱力学第 1 法則

$$dU = T\,dS - p\,dV \tag{6.1}$$

であり，これは 5 つの状態量 $U,\ T,\ S,\ p,\ V$ の間の関係式である．内部エネルギー U からルジャンドル変換で書き換える操作をして新たに定義された（組み合わせ）状態量が $H,\ F,\ G$ であり，これらの中で自然な独立変数として dT が現れたのはヘルムホルツの自由エネルギー F とギブズの自由エネルギー G だけであるので，熱力学第 2 法則と合わせて等温変化の条件 $dT = 0$ を考えるときには，これらが主役となることは，その時点で暗示されていたのである．

章末問題

6.1 理想気体について，$\left(\dfrac{\partial T}{\partial V}\right)_S < 0$，すなわち，準静的断熱膨張で温度が下がることを示せ．ただし，まず偏微分関係式から

$$\left(\frac{\partial T}{\partial V}\right)_S = -1 \Big/ \left[\left(\frac{\partial V}{\partial S}\right)_T \left(\frac{\partial S}{\partial T}\right)_V\right] = -\left[\left(\frac{\partial S}{\partial V}\right)_T \Big/ \left(\frac{\partial S}{\partial T}\right)_V\right]$$

と展開した後，第 5 章の章末問題 5.2 を参考にするとともにマクスウェルの関係式を利用せよ．

6.2 理想気体が，状態 1（体積 V_1，圧力 p_1，温度 T_1，エントロピー S_1）から，等温で膨張して状態 2（体積 V_2，圧力 p_2，温度 $T_2 = T_1$，エントロピー S_2）に変化する．この場合の p-V 図を描き，この過程での仕事 W_{12}，ヘルムホルツの自由エネルギーの変化量 $\Delta F = F_2 - F_1$，ギブズの自由エネルギーの変化量 $\Delta G = G_2 - G_1$ を，これらに相当する面積（領域）をそれぞれ図示せよ．また，理想気体に加えられる熱を Q_{12} とし，これに相当する面積（領域）を T-S 図に図示せよ．

第**7**章 | 気体-液体間の連続的変化
—共通的な特性と一元的な状態方程式—

7.1 諸物質の特性

7.1.1 これまでの気体中心の系から液体をも含む系へ

1.2 節で固体，液体，気体を説明し，そのあと熱力学の基本法則や式展開には特に物質の状態を限定せず一般的に述べたが，一方で，膨張や収縮にともなう仕事など，気体しかも理想気体を想定して述べることが多かった．しかし当然のことながら，液体や固体の状態変化，さらに，気体と液体との間の**相変化**（凝縮・蒸発 [53]）や，液体と固体との間の**相変化**（凝固・融解）に関する熱力学も重要である．そこで次なる段階としては，気体から連続的に変化する液体の熱力学を対象としよう．なお，「物理の第一歩」と位置づける本書では，気体と液体に比べて複雑な固体の熱力学に深く入ることは避け，物質の状態図を説明する程度にとどめる．

まず本章では，これまでの気体を中心とする系から，液体をも含む系の熱力

---

[53] 私たちには水の相変化に関する諸現象があまりにも身近であるので，本章を読み進む際に先入観にとらわれることが少なくないと思う．そのような先入観には，時として正しい理解を妨げる危険性をはらむことがあるので注意が必要である．

　そもそも本書で前提とする系は基本的に純物質（単成分）の閉鎖系であるが，日常的に経験する現象は空気中に存在する水なので多成分かつ開放系である．このため，とりわけ蒸発現象に関して誤解が生じやすい．私たちは，水分の空気中への蒸発は常温でも生じていることを知り，また大気圧下（平地）で湯を沸かすと 100℃で温度が一定になったまま蒸発することも知っている．一方，本文の図 7.1(a) で表される容器内に水だけを閉じ込めた閉鎖系では，容器内の圧力が大気圧の場合は 100℃に昇温されて初めて蒸発が生じる．

　また，視覚的な面から混同しないように注意すべきこととして，後述する「蒸気」という語で表現する状態と，風呂場の湯気や霧などの白っぽく見える現象の関係がある．（排ガス処理の進んでいるわが国では，煙突からの白煙もほとんどは水蒸気が凝縮したものである．）後者 3 例は空気中に浮遊する水の微粒子であって，本章で蒸気とよぶものとは異なる．

学に拡張する準備をしよう.

7.1.2　純物質の状態変化

　物理はまず実際の現象を観察し理解することが第一歩である. そこで, 液体
の水と気体の水（水蒸気）の間での状態変化を説明しよう. 図 7.1(a) に示すよ
うに, 密閉容器に水を封入し, 上部は体積変化が可能なようなピストンとする.
ピストンの上側には一定の圧力がかかっているものとする. 図 7.1(a) は温度を
上げていく場合の状態変化を示し, 図 7.1(b) はそのときの p-V 図上での変化
を示したものである. 図 7.1(a) の A〜E と図 7.1(b) の A〜E は対応し, また
その添字 1 は圧力が p_1 の場合であることを示す.

　前ページの脚注 53 で注意したように日常的に湯を沸かす場合の経験（常温か
ら昇温する途中も蒸発は生じており, 100 ℃に達すると**沸騰** (boiling) が始まっ
て蒸発が盛んになり, かつ水が存在する間は温度が一定に保たれる）は, しば
し忘れて, 以下の説明を虚心坦懐に受け入れてほしい. 常温・常圧条件を出発
点とし, 常温から加熱して温度を上げてもしばらくは A→B のように水の体積
はほとんど変わらない.（厳密には少し膨張することを示すため, 図 7.1(a) の
B では誇張して描いてある.）しかし, ある温度に達すると C のように蒸発が
始まる. 後で述べるように純物質の液体と気体が共存する場合は, 温度と圧力

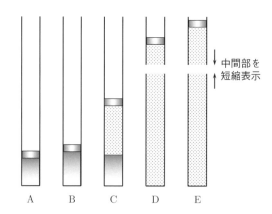

図 7.1 (a)　圧力一定条件下での温度変化にともなう純物質の状態変化

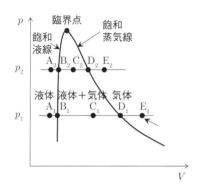

図 7.1 (b) p-V 図上での純物質の状態変化

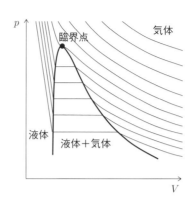

図 7.1 (c) p-V 図上での純物質の等温線

が 1 対 1 に対応するので，この系のように圧力が一定の場合，液体の水が存在している間，温度は一定である．（1 気圧下では「ある温度」は 100 ℃であり，この温度が大気圧下の空気中で湯を沸かすときに沸騰する温度とも関係している，と現段階では理解しておこう．）D で液体の水がなくなった後，さらに加熱を続けると水蒸気の温度は再び上昇し，E のようにさらに体積が増加する．以上の変化は図 7.1(b) では，たとえば圧力 p_1 での状態に対して，図の $A_1 \to B_1 \to C_1 \to D_1 \to E_1$ のように水平右方向の移動となる．

図 7.1(a) で示した圧力一定での状態変化をさまざまな圧力で測定すると，図 7.1(b) で，液体と気液共存の境界点 B と，気体と気液共存の境界点 D との体積差が，圧力が高くなるにつれて減少し，やがては同一の点に収束する．すなわち，図 7.1(b) 上で状態 B の点どうしと状態 D の点どうしを結んでいくと，ある圧力で頂点となるような山型の曲線が描ける．この頂点を**臨界点** (critical point) とよび，臨界点の温度と圧力以上のいわゆる**超臨界** (super critical) 状態では，私たちが日常的に目にしているような液体と気体の明確な区別がなくなる．このような超臨界の現象はイメージしにくいが，後述するように工学的には，水を作業物質とする火力発電所の**ボイラー** (boiler) や，二酸化炭素を作業物質とする家庭用の圧縮式給湯機などにも応用される重要な状態である．なお，臨界点を通る実線に対し，臨界点より左側の線を**飽和液線** (saturation liquid line), 右側の線を**飽和蒸気線** (saturation vapor line), 両者を合わせて**飽和曲線** (saturation curve) とよぶ.

さらに, 図 7.1(b) を等温線の観点から表示すると図 7.1(c) のようになる. 液体と気体の共存域では, 温度と圧力の間に 1 対 1 の関係がある. 相変化がない場合は熱が伝わることにより温度変化が生じる（見える）が, 気液共存状態では加えた熱により温度変化が生ぜずに（見えずに）相変化して内部エネルギーが変化するので, 相変化のない場合に伝えられる熱を**顕熱** (sensible heat) とよぶのに対し, 相変化がある場合に伝えられる熱を**潜熱** (latent heat) とよぶ. なお, 液体と共存する気体を**蒸気** (steam, vapor) とよぶことに加えて, 気体だけの状態でも臨界温度より低い気体を蒸気とよぶことがある.

このような状態変化は, どのような物質にも定性的には共通するが, 臨界点の圧力と温度——臨界圧力 p_c と臨界温度 T_c は物質によって大きく異なる. 表 7.1 に代表的な物質の p_c と T_c を示す. 歴史的には 1869 年にアイルランドのアンドリューズ (Thomas Andrews, 1813–1885) が臨界状態を比較的達成しやすい二酸化炭素について, このような状態図と臨界点の存在を明確にした. なお, 1822 年にフランスのラ・トゥール (Charles Cagniard de la Tour, 1777–1859) がエーテルの蒸発現象で, また 1823 年に英国のファラデー (Michael Faraday, 1791–1867) が塩素ガスの液化で臨界点付近の性質を理解していたが,「臨界」の語を命名したのはアンドリューズである.

表 **7.1**　物質の臨界点での値

物質	T_c/K	p_c/MPa	$V_c/(cm^3\ mol^{-1})$
Ar	150.9	4.90	74.6
CH_4	190.6	4.60	98.6
CO_2	304.1	7.38	94.0
H_2	33.2	1.297	65.0
H_2O	647.1	22.06	56.0
He	5.19	0.227	57.2
N_2	126.2	3.39	89.5
NH_3	405.5	11.35	72.5
O_2	154.6	5.04	73.4

　付録 C の図 C.3(b) と図 C.4(b) には，それぞれ水の飽和蒸気圧と潜熱を 0℃から臨界点温度の範囲で示した．（分子記号中の元素記号のアルファベット順に並べてある．）潜熱は臨界温度に近づくと急激に減少して，気体と液体の境がなくなる臨界点で 0 になることに注意せよ．

コラム：　工学分野での専門用語

　前述したような物質の液体から気体に至る状態変化（臨界／超臨界のどちらでも）は，工学，特に機械工学で極めて重要な現象である．というのも**火力発電所** (thermal power plant) や**原子力発電所** (nuclear power plant) でのボイラーや**蒸気タービン** (steam turbine) は水を作業物質として，また 4.6 節のコラムで説明したように，家庭やオフィスの空調機・冷蔵庫・給湯器は冷媒（前述したように，低温側の作動だけでなく高温側での作動を目的とする場合も同一名称）を作業物質として，このような相変化もともなう状態変化を利用しているからである．（給湯機では，超臨界のところで挙げた二酸化炭素を冷媒としている．）そこで，図 7.1(b)(c) に関して工学分野特有の専門用語があるので，図 7.1(d) を加えて補足しておきたい．

　状態 A は，通常は単に液体とよぶが，特に**圧縮液** (compressed liquid) とよんで，気液共存状態の液体と区別することがある．飽和液線上の状態 B を**飽和液** (saturated liquid) とよぶ．

　BD 間では B の状態の液体と D の状態の気体とが割合を変えて存在するが，全体をひとまとめにして**湿り蒸気** (wet vapor) とよぶ．（なお，付録 A.3 で述べる極めて特殊な場合を除いて，B でも D でもない中間的な状態の一様物質が存在するわけではない．）

　飽和蒸気線上の状態 D は**乾き飽和蒸気** (dry saturated vapor) とよぶ．状態 E は，通常は単に気体とよぶが，特に**乾き蒸気** (dry vapor) あるいは**過熱蒸気** (superheated vapor) とよんで，気液共存状態の気体と区別することがある．

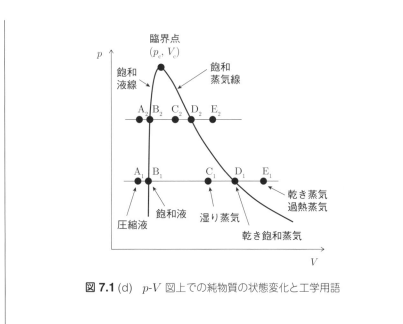

図 7.1 (d)　p-V 図上での純物質の状態変化と工学用語

7.2　内部エネルギーあるいはエンタルピーが一定の場合の気体の変化

　これまで理想気体の仮定を導入して議論を行うことが多かったが，理想気体の状態方程式 (3.6) は図 7.1(c) に示されている等温線のうちで臨界点から遠く離れて密度が低い右上側の状態（双曲線）に対応していることに読者は気づくと思う．逆にいえば，臨界点に近づいて密度が高くなると液体に近い様相を呈する（ミクロには分子が密に接近して互いの存在を感じる）ようになるので，理想気体の状態方程式から外れてくる．

　本節では，ジュールが中心となって気体の膨張に関して行った実験との関連から，理想気体や実際の気体について考察する．

7.2.1 ジュールの自由膨張の実験に関する温度変化

図 3.6 に関して述べたように,気体の自由膨張に関するジュールの実験の結果

$$\left(\frac{\partial T}{\partial V}\right)_U = 0 \tag{3.36}$$

およびこれから派生して得られる (3.37) は,実験精度に疑問が残るものの,実験に用いた空気 (= 理想気体とみなすことができる) の性質を示すものであるとされた.しかし,温度・圧力条件をさらに拡張してみるとどうであろうか.この点を考えるために (3.36) の左辺

$$\left(\frac{\partial T}{\partial V}\right)_U \tag{7.1}$$

の一般的な関係式に立ち戻ってみよう.そこで,熱力学第 1 法則

$$dU = d'Q - p\,dV \tag{2.8}$$

を,エントロピーを用いて表した (6.1) において,エントロピーに関する項を左辺に移項した

$$T\,dS = dU + p\,dV \tag{7.2}$$

から出発して,(7.1) に対する表式を求めてみる.

まず (7.2) の左辺で,エントロピーを $S(V, T)$ と見て書き換えて,さらにマクスウェルの関係式 (6.28) を適用すると

$$\begin{aligned}
左辺 = T\,dS &= T\left[\left(\frac{\partial S}{\partial V}\right)_T dV + \left(\frac{\partial S}{\partial T}\right)_V dT\right] \\
&= T\left(\frac{\partial p}{\partial T}\right)_V dV + C_V\,dT
\end{aligned} \tag{7.3}$$

となる.一方,(7.2) の右辺で $dU = 0$ とおくと

$$右辺 = p\,dV \quad (U\ 一定のとき) \tag{7.4}$$

となる.したがって,(7.3) と (7.4) を等値し

$$T \left(\frac{\partial p}{\partial T} \right)_V dV + C_V \, dT = p \, dV$$

さらに両辺を dV で割ると,

$$T \left(\frac{\partial p}{\partial T} \right)_V + C_V \left(\frac{\partial T}{\partial V} \right)_U = p \quad (U \text{ 一定のとき}) \tag{7.5}$$

ゆえ

$$\left(\frac{\partial T}{\partial V} \right)_U = \frac{1}{C_V} \left[p - T \left(\frac{\partial p}{\partial T} \right)_V \right] \quad (U \text{ 一定のとき}) \tag{7.6}$$

となる.

　ここで, 理想気体の場合は, (7.6) の右辺に状態方程式 (3.6) を代入することにより 0 となり (3.36) と整合する. しかし, 状態方程式が理想気体の場合から外れる条件, たとえば液体に近い状態などでは, 一般に (7.6) は 0 になるとは限らない. このように, 内部エネルギーが一定の場合に体積変化にともなう温度変化が生じる現象を, **ジュール効果** (Joule effect) という.

7.2.2　ジュール−トムソンの実験

　前述のジュールの自由膨張の実験では, 気体の熱容量が金属容器と周囲の水の熱容量を合わせたものより遙かに小さかったので温度変化の測定が困難であった. そこで 1852 年にジュールとトムソンは, "On The Thermal Effects Experienced by Air in Rushing through Small Apertures (細孔を急速に流れる空気が受ける熱的影響について)" という研究で, 定常現象で体積変化にともなう温度変化を直接測定する系を考えた. すなわち, 流体を膨張させる (圧力を下げる) ため, 気体の流路の中に設置した多孔体の栓を通過する際の摩擦を利用した. 後述するように, 結果的には自由膨張の実験とは条件が異なるのであるが, いずれも理想気体でない場合に関連する効果が発現する. そして, とりわけ応用の面から重要なのは, こちらの実験の方である.

　図 7.2 に二人が用いた装置を示す. (左図の太線枠部分を拡大したものが右図.) 少しわかりにくい図ではあるが, ジュールによる前述の実験装置 (図 2.4) とともに, 当時の彼らの努力・苦労を理解する上で参考になる. 実験は, 大気

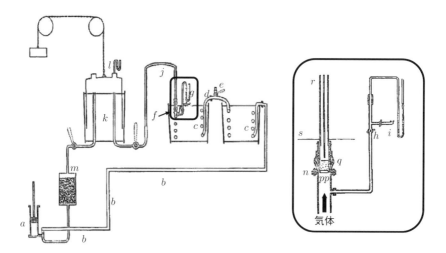

図 7.2　ジュール・トムソンの実験装置

圧に保たれたタンク k に貯めた空気あるいは空気と二酸化炭素の混合気体[54]
を，蒸気機関で駆動される往復ポンプ a で循環させることにより行った．空気
単体による実験の場合は，ポンプの上流に置かれた乾燥剤 m で湿度の影響も取
り除くよう注意している．ポンプから出た配管 b の下流には気体の温度を一定
にするための水槽内でコイル状に巻かれた配管 c があり，気体は測定部である
f（中央の鉛直部分）に下方から上方に向け流入する．右側に示す f の拡大図
中，pp の上にあるのが多孔体の栓で，気体は栓を通過するときに大気圧まで圧
力降下し膨張する．（設定された流入側の最大圧力は数気圧に達した．）この栓
周辺は外部から断熱されていて，栓の上流と下流での圧力変化にともなう温度
変化を測定した．

　この状況は模式的には図 7.3 で表される．図 7.3(a) に示すように，多孔体の
栓の上流側を 1，下流側を 2 とすると，気体が定常的に流れるためには栓の前
後で圧力 $p_1 > p_2$ なので気体が膨張する．そこで，図 7.3(b1) から (b2) に示
すように，流れの一部分に注目し，その上流と下流をピストンで仕切った場合

---

[54]　なお，水素でも予備的な実験を行ったが，危険性を鑑みて小さい装置で行ったために精度は，空
　　　気や二酸化炭素を用いた実験の精度に比べて劣る．

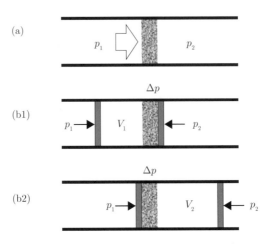

図 7.3　ジュール‐トムソンの実験（物理モデル）

の釣り合いを考えよう [55]．一定気圧 p_1 の左側で体積 V_1 分を押し込む仕事は p_1V_1，その量の気体が一定気圧 p_2 の右側へ押し出されたときの体積を V_2 とすると，押し出す仕事は p_2V_2 である．熱の出入りはないので，上流と下流の内部エネルギーを U_1, U_2 とすると

$$U_2 - U_1 = p_1V_1 - p_2V_2 \tag{7.7}$$

となる．(7.7) で移項して上流と下流の状態量に分けると

$$H_1 = U_1 + p_1V_1 = U_2 + p_2V_2 = H_2 \tag{7.8}$$

となるので，実際に栓の上流と下流で圧力が変わるこの過程では，内部エネルギーは変化するがエンタルピーが一定であることがわかる．

　ここでエンタルピー一定での圧力変化に対する温度変化

$$\left(\frac{\partial T}{\partial p}\right)_H \quad （H 一定のとき） \tag{7.9}$$

---

55) この場合は，これまで考えたような準静的過程におけるじわじわとしたピストンの動きではなく，気体の流速に合わせて動くピストンで気体を切り取った部分を考える．細孔を通って気体が膨張する現象は非可逆過程であるが，切り取った気体が上流で受け取る仕事と下流でする仕事を力学的に考えると式 (7.7) のようになる．

について，一般的な関係式を導出しておこう．ここでも (7.2) をエンタルピーで表現した

$$T\,dS = dU + p\,dV = dH - V\,dp \tag{7.10}$$

から出発しよう．

まず (7.10) の左辺で，エントロピーを $S\,(p, T)$ と見て書き換えて，さらにマクスウェルの関係式 (6.29) を適用すると，

$$左辺 = T\left[\left(\frac{\partial S}{\partial p}\right)_T dp + \left(\frac{\partial S}{\partial T}\right)_p dT\right]$$
$$= -T\left(\frac{\partial V}{\partial T}\right)_p dp + C_p\,dT \tag{7.11}$$

となる．一方，(7.10) の右辺で $dH = 0$ とおくと

$$右辺 = -V\,dp \quad (H\text{一定のとき}) \tag{7.12}$$

となる．したがって，(7.11) と (7.12) を等値し，

$$-T\left(\frac{\partial V}{\partial T}\right)_p dp + C_p\,dT = -V\,dp \quad (H\text{一定のとき})$$

として，さらに両辺を dp で割ると，

$$-T\left(\frac{\partial V}{\partial T}\right)_p + C_p\left(\frac{\partial T}{\partial p}\right)_H = -V \quad (H\text{一定のとき}) \tag{7.13}$$

ゆえ

$$\left(\frac{\partial T}{\partial p}\right)_H = \frac{1}{C_p}\left[T\left(\frac{\partial V}{\partial T}\right)_p - V\right] \quad (H\text{一定のとき}) \tag{7.14}$$

となる．ジュールとトムソンは，常温の空気と二酸化炭素について図 7.2 の実験を行った結果，圧力降下により温度も降下する，すなわち (7.14) は正の値であることを確認した．このことは，前述したジュールの実験——内部エネルギーが一定で体積変化する場合には温度変化がなかったことと比べると，対照的なようにも見える．ただし，理想気体の場合は，状態方程式 (3.6) を (7.14) に代

入することにより 0 となるので，この点は (7.6) との類似性があるともいえる．

ジュール−トムソン係数

ここで，(7.14) の左辺をあらためてジュール−トムソン係数 (Joule-Thomson coefficient) μ_{JT}（ミュー）として

$$\mu_{\mathrm{JT}} \equiv \left(\frac{\partial T}{\partial p}\right)_H \tag{7.15}$$

と定義する．この係数が正であれば，エンタルピーが一定で膨張するとき温度は低下，逆に圧縮するとき温度は上昇する．係数が負の場合は，これらの逆である．この現象をジュール−トムソン効果 (Joule-Thomson effect) という．実際の気体では，図 7.4(a) のように，T-p 図上にエンタルピーが一定の線を描くと，ある圧力で極大となるような形となり，頂点より左（低圧）側では $\mu_{\mathrm{JT}} > 0$，右（高圧）側では $\mu_{\mathrm{JT}} < 0$ となる．また，エンタルピーが一定の線の頂点を結ぶ線を逆転曲線 (inversion curve) とよぶ．逆転曲線は温度を示す縦軸 ($p = 0$) と 2 箇所で交わる．これら 2 つの交点の間の温度では，圧力が低ければ膨張により気体の温度が下がるので液体に変えられる（液化できる）可能性がある．

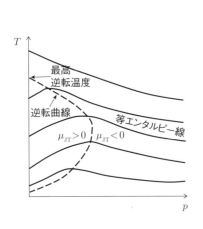

(a) エンタルピー一定の線と逆転曲線

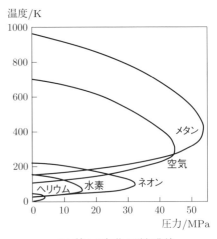

(b) 種々の気体の逆転曲線

図 7.4　ジュール・トムソン係数

表 **7.2** ジュール‐トムソン係数の最高逆転温度

物質	最高逆転温度/K	$\mu_{JT}/(K\ atm^{-1})$
Ar	723	
CH_4	968	
CO_2	1500	1.11 (300 K)
Cr	1090	
H_2		
He	40	−0.062
N_2	621	0.27
Ne	231	
O_2	764	0.31
空気	603	0.189 (50 ℃)

気体を液化する場合，とりわけ高温側の交点の温度は**最高逆転温度** (maximum inversion temperature) とよばれ，通常は気体をまず熱交換（通常はその温度で液体になる液化気体で冷やすこと）により常温から冷却し，ジュール‐トムソン効果による冷却にバトンタッチできる目安となる（表 7.2）．空気や二酸化炭素は常温・常圧（300 K 弱で 0.1 MPa）では $\mu_{JT} > 0$ なので，膨張により温度を下げることができる．水素やヘリウムはそれぞれ約 200 K，50 K 以下にしないと $\mu_{JT} > 0$ にならないので，常温・常圧から液化するには前述のような初段階冷却が必要になる．なお一般に，エンタルピーが一定の変化は，ノズルからの噴出などによる膨張で比較的容易に実現できるが，圧縮によって実現するのはむずかしいので，$\mu_{JT} > 0$ の領域に実用的価値が高い．

7.2.3 ジュール効果・ジュール‐トムソン効果を発現しない理想気体と，液体状態への接近にともなう両効果の発現

ジュールの自由膨張の実験もジュール‐トムソンの実験も，熱力学第 1 法則を確立する過程で行われたので，本来の目的（動機）や得られた熱学史上の意義を厳密かつ簡潔に述べることはむずかしい．そこで本書では，現在の熱力学枠組みの基礎的視点から，両者を合わせて考えることにより示唆される気体の状態方程式をまず振り返り，さらに次の 7.3 節へのつなぎとして，液体状態に接近する際の性質変化について一言追加しておきたい．

前述したように，ジュールの実験で理想気体の場合は状態方程式 (3.6) より

$$\left(\frac{\partial T}{\partial V}\right)_U = \frac{1}{C_V}\left[p - T\left(\frac{\partial p}{\partial T}\right)_V\right] = 0 \quad (U\text{ 一定のとき}) \tag{7.6'}$$

となる．また，ジュール・トムソンの実験でも理想気体の場合は

$$\left(\frac{\partial T}{\partial p}\right)_H = \frac{1}{C_p}\left[T\left(\frac{\partial V}{\partial T}\right)_p - V\right] = 0 \quad (H\text{ 一定のとき}) \tag{7.14'}$$

となる．つまり，いずれの実験でも理想気体なら温度変化は生じない．

逆に，ジュールの実験でもジュール・トムソンの実験でも温度変化がないような気体を考えよう．つまり，(7.6') と (7.14') の中辺が，それぞれ 0 になる条件

$$\left(\frac{\partial p}{\partial T}\right)_V = \frac{p}{T} \quad (V\text{ 一定のとき}) \tag{7.16}$$

$$\left(\frac{\partial V}{\partial T}\right)_p = \frac{V}{T} \quad (p\text{ 一定のとき}) \tag{7.17}$$

を満たす気体を考える．$T(p, V)$ と考えると

$$dT = \left(\frac{\partial T}{\partial p}\right)_V dp + \left(\frac{\partial T}{\partial V}\right)_p dV \tag{7.18}$$

なので，これに (7.16) と (7.17) を代入すると

$$dT = \frac{dp}{\left(\dfrac{\partial p}{\partial T}\right)_V} + \frac{dV}{\left(\dfrac{\partial V}{\partial T}\right)_p} = \frac{T}{p}dp + \frac{T}{V}dV \tag{7.19}$$

したがって，

$$\frac{dT}{T} = \frac{dp}{p} + \frac{dV}{V} \tag{7.20}$$

これを積分すると，

$$\log T + \text{定数} = \log p + \log V \tag{7.21}$$

ゆえ

$$T \propto pV \tag{7.22}$$

となり，比例定数を $1/nR$ とみなすと理想気体の状態方程式 (3.6) に一致する．すなわち，ジュール効果もジュール‐トムソン効果も発現しない気体は理想気体であることが導かれる．

本書ではあくまでもマクロな観点から熱力学を説明する立場をとっているが，気体と液体の違いを理解するには，分子密度あるいは分子間距離を考慮することは不可欠である．すなわち，臨界点や液体状態から遙かに高温・低圧（低密度）側に離れた圧力・温度条件で個々の分子が自由にふるまっているのが理想気体であるが，分子密度が高く（分子間距離が短く）なって他の分子の影響が及ぶようになると理想気体には見られなかった挙動が生じる．ジュール効果やジュール‐トムソン効果はその例であり，これは液体状態に接近することにより分子間の引力（ある程度離れているとき）や斥力（極めて接近しているとき）の影響で温度変化が起こるものと理解しておこう．

7.3 気体と液体を一元的に表すファン・デル・ワールスの状態方程式

前述したようにトーマス・アンドリューズが二酸化炭素の状態変化を包括的に明らかにしたのは 1869 年の論文で，タイトルは "On the Continuity of the Gaseous and Liquid States of Matter（物質の気体状態と液体状態の連続性について）" であった．その 4 年後の 1873 年，オランダのファン・デル・ワールス（Johannes Diderik van der Waals, 1837–

図 7.5 ファン・デル・ワールス

1923，図 7.5）はアンドリューズの影響を強く受けてほとんど同じタイトル "On the Continuity of the Gaseous and Liquid States（原文はオランダ語であるのでその英訳）" の博士論文をライデン大学に提出した．ファン・デル・ワールスは，ラプラス（Pierre-Simon Laplace, 1749–1827）が過去に行った表面張力の研究や当時クラウジウスが研究を進めていた気体分子運動論の影響を受けて，物質の状態変化を研究した．

7.3.1　理想気体の状態方程式から体積と圧力に関する補正

アンドリューズもファン・デル・ワールスも論文タイトルから理解できるように，気体と液体の連続性を重視していた．そして当時，物質を構成するのは分子であるとする概念が優勢になってきていたので，ファン・デル・ワールスはそのミクロな性質を検討した上で，理想気体の状態方程式

$$pV = RT \quad (n = 1 \text{ mol の場合}) \tag{7.23}$$

に新たな修正を導入し，その対象を液相にまで拡張した．ファン・デル・ワールスはこのような業績により 1910 年にノーベル物理学賞を受賞した．（なお，上記の博士論文はオランダ語で書かれたが，英訳版も入手できる [56]．）

ファン・デル・ワールスは理想気体の状態方程式を出発点として，分子が密になる（分子間距離が短くなる）場合にその実効的な体積と圧力を修正する．これは分子間に作用する斥力と引力を考慮することに相当するともいえ，定性的には以下のように理解できる．まず，分子自身の体積によって，

> 実際の（測定される）体積 V は，分子が運動できる範囲としての体積よりも大きい．

そこで

$$V \to (V - b) \quad (\text{ここで } b \text{ は定数と仮定する．次元は } [V] \text{ に相当する})$$

のように修正する．一方，分子間の引力によって，

> 実際の（測定される）圧力 p は，分子間に引力が作用しない場合の圧力よりも小さい．

ここで，引力の影響の程度については，基本となるのは分子の数密度である．分

---

[56] J.D. van der Waals, "On the Continuity of the Gaseous and Liquid States, Studies in Statistical Mechanics," Vol. 14, North-Holland, 1988.

表 7.3 ファン・デル・ワールスの定数

物質	$a/(\text{Pa m}^6 \text{ mol}^{-2})$	$b/(\text{m}^3 \text{ mol}^{-1})$
Ar	0.134	32.0×10^{-6}
CH_4	0.227	43.1×10^{-6}
CO_2	0.361	42.9×10^{-6}
H_2	0.0242	26.5×10^{-6}
H_2O	0.546	30.5×10^{-6}
He	0.00341	23.8×10^{-6}
N_2	0.135	38.7×10^{-6}
NH_3	0.417	37.1×10^{-6}
O_2	0.136	31.9×10^{-6}

子の数密度は，物質の密度に対応する量，あるいは体積の逆数に対応する量である．ファン・デル・ワールスは数密度の影響は 2 乗で及ぶと考えた．すなわち，ファン・デル・ワールス本人が要約した言葉[57]を借りると，密度の 2 乗に比例する，あるいは体積の 2 乗に反比例すると考える．したがって

$$p \to \left(p + \frac{a}{V^2}\right) \quad \begin{pmatrix} \text{ここで } a \text{ は定数と仮定する.} \\ \text{次元は } [pV^2] \text{ に相当する} \end{pmatrix}$$

のように修正する（表 7.3）．この結果，両者を合わせることにより理想気体に対する状態方程式 (7.23) は

$$\left(p + \frac{a}{V^2}\right)(V - b) = RT \quad (n = 1 \text{ mol の場合}) \tag{7.24}$$

のように修正される．これを**ファン・デル・ワールスの状態方程式** (van der Waals's equation of state) という.

7.3.2 臨界点の値で規格化した $p\text{-}V$ 図——対応状態の法則

(7.24) で温度 T を変化させることにより $p\text{-}V$ 面に等温線群を示すことがで

---

[57] "In short, the attraction exerted by the matter in the space mentioned is proportional to the quantity of matter, or to the density. The same holds for the molecules within the column, so that the attraction is proportional to the square of the density, or inversely proportional to the square of the volume." （この文中で column のイメージがわかりにくいが，物質の境界面での薄い層を指している．）脚注 56 の論文の p.173 より．

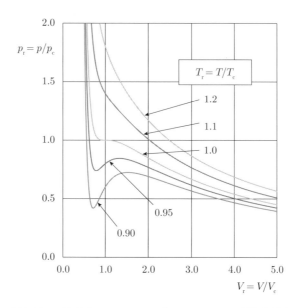

図 7.6　*p-V* 図上でのファン・デル・ワールスの状態方程式

（圧力，体積，温度は，このあと説明する臨界点での値 p_c, T_c, V_c でそれぞれ無次元化した
変数 $p_r \equiv p/p_c$, $T_r \equiv T/T_c$, $V_r \equiv V/V_c$ で表示している.）

きる．理想気体の状態方程式 (7.23) では温度を変化させても双曲線群で表され
るのに対し，ファン・デル・ワールスの状態方程式は図 7.6 のように複雑な温
度依存性と体積依存性を示す．理想気体の状態方程式から出発し，比較的単純
なモデルによる修正の結果として得られたファン・デル・ワールスの状態方程
式は，このままでは途中（いわば生）の状態であって，実際の物質の状態を十
分に反映しているとはいえないので，これから熱力学に基づく考察を加えて実
現象との対応をさぐっていこう．

まず，図 7.6 を概観すると，

- $T_r < 1$ の場合は，極小値と極大値を有する曲線，
- $T_r = 1$ の場合は，$V_r = 1$ かつ $p_r = 1$ で

$$傾きがなく \left(\left(\frac{\partial p}{\partial V} \right)_T = 0 \right) \tag{7.25}$$

$$\text{かつ変曲点（}\left(\frac{\partial^2 p}{\partial V^2}\right)_T = 0\text{）} \tag{7.26}$$

となっている曲線，

- $T_r > 1$ の場合は，単調に変化する曲線

となっている．

ここで，(7.25) と (7.26) を満たす圧力，温度，体積は，

$$p = \frac{a}{27b^2}, \quad T = \frac{8a}{27Rb}, \quad V = 3b \tag{7.27}$$

と求められる．この点は，次節で述べる気液共存領域の決定とも合わせてみると，ファン・デル・ワールスの状態方程式における臨界点であることが確認できるので，添字 c をつけて

$$p_c \equiv \frac{a}{27b^2}, \quad T_c \equiv \frac{8a}{27Rb}, \quad V_c \equiv 3b \tag{7.28}$$

と表す．これらの値で無次元化した**換算圧力** (reduced pressure) $p_r \equiv p/p_c$，**換算温度** (reduced temperature) $T_r \equiv T/T_c$，**換算体積** (reduced volume) $V_r \equiv V/V_c$ を用いると，換算量に関するファン・デル・ワールスの次式が得られる．

$$\left(p_r + \frac{3}{V_r^2}\right)\left(V_r - \frac{1}{3}\right) = \frac{8}{3}T_r \tag{7.29}$$

これを**対応状態の法則** (law of coresponding states) とよぶ．すなわち，どの物質も臨界点での値を用いて無次元化すれば一元的な状態方程式となるという期待からつけられた名称である．いうまでもなくこれはモデルにすぎないが，実際の気体の性質の概要をまずまずの精度で表すことができている．

7.3.3　気液共存領域の決定

$p_r = 1$，$V_r = 1$ の点を臨界点とみなし，図 7.1(c) の等温線群と比べると，臨界点より左側の急激な勾配領域は液相部分に，臨界点より右側の緩やかな勾配領域は気相部分に対応しているように見える．すなわち，理想気体の状態方程式にファン・デル・ワールスの修正を導入することにより，気体の状態だけでな

く，液体も一元的に表し得るように見える．直感的で単純なモデル修正で，このような変化が生まれたことは注目に値し，このことはファン・デル・ワールスの修正が物質の本質を巧みに捉えたものであったためともいうことができよう．

とはいえ，図 7.6 の曲線は，臨界温度より下の温度で極小値と極大値を有する等温線が存在し，観測（図 7.1(c)）と大きく異なる．さらに，実際の物質に見られる飽和曲線との対応――すなわち，気液共存領域と液相あるいは気相との境界については不明である．この点を**相平衡** (phase equilibrium) の物理から明らかにしたのが，マクスウェルである．

この閉鎖系において気液 2 相が共存する状況では，図 7.1(c) に示したように，液相と気相の割合（mol 比）が変化するが，T が一定であれば，p も T で決まる値で一定である．すなわち，図 7.7 の p-V 図においても線分 AE のような $p =$ 一定 の線に沿う変化を想定することになる．その線を定めたいのであるが，気相と液相が共存する場合の相平衡にある熱力学についてはまだ詳しくは述べていない．この点については第 8 章でまとめて説明するが，(6.47) のとこ

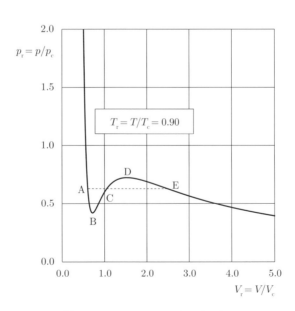

図 7.7 マクスウェルの等面積の規則

ろで述べたように等温定圧変化においてギブズの自由エネルギーが最少になった場合に平衡になるということから，以下の条件は理解できよう．すなわち，気液2相が共存して相平衡となる場合，液相と気相の割合が変化しても，**系全体のギブズの自由エネルギーが常に最小で，その結果として一定でもあることが相平衡の条件**である．これを式で表すと，

- 液相部分のギブズの自由エネルギー $G_l\,(p,T)$
- 気相部分のギブズの自由エネルギー $G_g\,(p,T)$
- 系全体のギブズの自由エネルギー $G_{\text{total}}\,(p,T) = G_l\,(p,T) + G_g\,(p,T)$

とするとき，$p =$ 一定 の水平線に沿って

$$G_{\text{total}}\,(p,T) = \text{一定} \tag{7.30}$$

である．

これが点 A（すべてが液相）と点 E（すべてが気相）の両極限を含めて成り立つとすると，両端でのギブズの自由エネルギーの値が

$$G_{\text{A}}\,(p,T)\,(\text{液相}) = G_{\text{E}}\,(p,T)\,(\text{気相}) \tag{7.31}$$

を満たすはずである．そのような p（直線 AE の上下位置）を求めよう．このためには，図 7.7 で "$p =$ 一定" の直線で上下に分割される2つの領域の面積が等しくなるような条件を求めればよいことをマクスウェルが示した．これを**マクスウェルの等面積の規則** (Maxwell's equal-areas rule) とよび，以下のように証明できる．

まず，ファン・デル・ワールスの状態方程式に従う系を考えれば，曲線 ABCDE は等温条件下 $(dT = 0)$ での圧力と体積の変化を示すので，これに沿った準静的な過程について，気相か液相かによらず全系について

$$dG\,(T,p) = -S\,dT + V\,dp = V\,dp \tag{7.32}$$

である．よって，A から E まで変化させると

$$G_{\text{E}} - G_{\text{A}} = \int_{\text{ABCDE}} dG = \int_{\text{ABCDE}} V\,dp = \int_{\text{ABC}} V\,dp + \int_{\text{CDE}} V\,dp = 0 \tag{7.33}$$

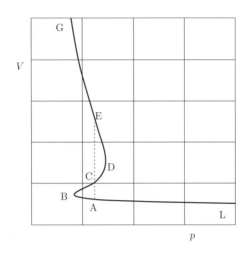

図 7.8 マクスウェルの等面積の規則における積分

となるが,これは p を独立変数とする積分なので,縦軸と横軸を入れ替えた図 7.8 で考えるとわかりやすい.これによって,(7.30) を満たす直線 AE は,面積 ABC ($\displaystyle\int_{\mathrm{ABC}} V\,dp > 0$) と面積 CDE ($\displaystyle\int_{\mathrm{CDE}} V\,dp < 0$) の絶対値を等しくするような直線であることが確認できた.

このようにして,p-V 図上で臨界点から左右に向かう液相,気液共存領域,気相の境界線上の点 A と点 E を決定することにより,種々の温度(圧力)条件におけるそれらの点を結べば,実際の物質の状態図と定性的には対応して考えることができる.

なお,ファン・デル・ワールスの状態方程式は,その特異な関数形やマクスウェルの等面積の規則の補助的概念が必要であったことなどからも理解できたように,実際の物質の性質を必ずしも直接的に正しく表現できるものではない(状態方程式とみなせない領域がある)のであるが,一方でファン・デル・ワールスの状態方程式から導かれるギブズの自由エネルギーやヘルムホルツの自由エネルギーなどのふるまいを調べることは,相変化現象の安定性を理解する上でたいへん有益な題材や視点を与えてくれる面もある.そこで,後述する 8.3.1

項の議論をふまえた上で本節に続く議論を付録 A で追加説明する.

　ファン・デル・ワールスによる研究は，現代的視点からはいささか単純に見えるかもしれないが，ミクロな知識に乏しかった時代に臨界点を含む物質の共通的性質を明らかにしたもので，その研究はやはりオランダの後輩である**カマリン・オンネス** (Heike Kamerlingh Onnes, 1853–1926) も刺激し，ヘリウムの液化に成功して水銀の超伝導を発見したカマリン・オンネスのノーベル物理学賞（1913 年，低温物理学）にもつながったことを付記する.

章末問題

7.1　ファン・デル・ワールスの状態方程式（$n = 1$ mol のとき）に従う気体のジュール - トムソン係数を求めよ.

第8章 相平衡と相変化

—気体−液体−固体の状態を決める基本原理—

8.1　熱力学法則・諸関係式の普遍性と物質の状態方程式

　本書におけるこれまでの展開を振り返ると，熱力学法則は適用対象とする物質とその状態をなんら制限してはいなかった．つまり，熱力学法則はあらゆる物質とその状態に対して普遍的に適用できる[58]．ただし，式を展開して具体的に説明する上では，「物質」としてわかりやすい理想気体を対象とすることが多かった[59]．

　しかし第7章では，気体と液体の間で状態変化する系あるいは気相と液相が共存する系に対象をはじめて拡張し，近似的ではあるがファン・デル・ワールスの状態方程式を導入することにより，熱力学関係式を適用して気液2相が共存する場合も扱う入口にも立てた．すなわち，これまで説明してきた熱力学法則と多くの熱力学関係式は，どんな物質でもその状態方程式がわかれば適用できる道が開かれることをいま一度心に留めてほしい．

8.2　相の平衡

　6.6節で述べた熱力学第2法則に基づく熱平衡に関する議論を，気液2相共存状態に対して具体的に適用してみよう．この場合，気相と液相との間の相変化（相平衡）という要素が加わるために，若干の補助的概念を導入する必要性が生

---

[58] さらに，本書の範囲外ではあるが，多種の物質間で反応が生じて物質が変化する場合にも，もちろん適用できる．それは**化学熱力学**とよばれることもある．

[59] 付随して熱力学第1法則で表現する「仕事」としても理想気体の膨張や圧縮（収縮）を考えることが多かったが，実際は多種多様な仕事を考えることができる．

じる．それが以下に説明する**化学ポテンシャル** (chemical potential) である．

8.2.1　化学ポテンシャル

まず，気液 2 相共存状態に進む前に，物質量が変化する開放系について考察しよう．たとえば，内部エネルギー U について，6.1 節で述べた自然な独立変数 S, V とともに物質量 n（単位 mol）の関数とし

$$U(S, V, n) \tag{8.1}$$

のように表してみる．このとき U の全微分は

$$dU(S, V, n) = \left(\frac{\partial U}{\partial S}\right)_{V,n} dS + \left(\frac{\partial U}{\partial V}\right)_{S,n} dV + \left(\frac{\partial U}{\partial n}\right)_{S,V} dn \tag{8.2}$$

となるが，右辺第 1 項と第 2 項の微係数では n が一定であるから，閉鎖系の関係式

$$dU(S, V) = \left(\frac{\partial U}{\partial S}\right)_{V} dS + \left(\frac{\partial U}{\partial V}\right)_{S} dV = T\,dS - p\,dV \tag{6.1$'$}$$

が変わりなく適用できるので

$$dU(S, V, n) = T\,dS - p\,dV + \left(\frac{\partial U}{\partial n}\right)_{S,V} dn \tag{8.3}$$

となり，内部エネルギーは 3 つの示量性変数に基づく全微分で表される．ここで

$$\mu \equiv \left(\frac{\partial U(S, V, n)}{\partial n}\right)_{S,V} \tag{8.4}$$

で定義される μ を化学ポテンシャルとよぶ．(8.4) の意味するところをよく考えるために言葉で表現すると

S と V を一定にしたまま，n を準静的に微小変化させる場合の U の変化率が μ である

と定義される．

(8.4) を用いると，物質量 n の内部エネルギーは

$$dU(S, V, n) = T\,dS - p\,dV + \mu\,dn \tag{8.5}$$

と表される．ここからさらに 6.2 節で述べた熱力学関数，エンタルピー $H = U + pV$，ヘルムホルツの自由エネルギー $F = U - TS$，ギブズの自由エネルギー $G = H - TS$ を用いて変形してみよう．まず

$$dH(S, p, n) = T\,dS + V\,dp + \mu\,dn \tag{8.6}$$

より

$$\mu \equiv \left(\frac{\partial H(S, p, n)}{\partial n} \right)_{S,p} \tag{8.7}$$

となるので，(8.7) を言葉で表現すると

> S と p を一定にしたまま，n を準静的に微小変化させる場合の H の変化率が μ である

とも定義される．同様に

$$dF(T, V, n) = -S\,dT - p\,dV + \mu\,dn \tag{8.8}$$

より

$$\mu \equiv \left(\frac{\partial F(T, V, n)}{\partial n} \right)_{T,V} \tag{8.9}$$

となるので，(8.9) を言葉で表現すると

> T と V を一定にしたまま，n を準静的に微小変化させる場合の F の変化率が μ である

とも定義される．同様に

$$dG(T, p, n) = -S\,dT + V\,dp + \mu\,dn \tag{8.10}$$

より

$$\mu \equiv \left(\frac{\partial G(T, p, n)}{\partial n} \right)_{T,p} \tag{8.11}$$

となるので，(8.11) を言葉で表現すると

> T と p を一定にしたまま，n を準静的に微小変化させる場合の G の
> 変化率が μ である

とも定義される．

太字で強調したように，同一の化学ポテンシャルにさまざまな定義が可能であるが，いずれも物質量の変化にともなう熱力学関数の変化であるので，具体的に物質量を増やす場合を考えてみよう．

直感的にわかるのは，(8.4) と (8.9) では，体積が一定のままで（微小とはいえ）量を増やすため，詰め込まないといけない．（詰め込む際に，さらにエントロピーあるいは温度を一定に保つ必要がある．）また，(8.7) では，圧力が一定のままという条件は簡単であるが，エントロピーを一定に保つには準静的過程では断熱条件を課せばよい．これらに対し (8.11) では，温度と圧力（ともに示強性変数）が一定のままで量を増やすので，自ずと体積も増えるが，体積に対する一定条件はないので考えやすい．

そこで，閉鎖系の自然な状態量が示強性状態量であるギブズの自由エネルギー $G(T, p, n)$ について，系の物質量を k 倍の kn mol に増やす場合を考えよう．この場合，明らかに

$$G(T, p, kn) = kG(T, p, n) \tag{8.12}$$

の関係が成立する [60]．この式から最終的に (8.11) の形にもっていくことを念頭において式変形しよう．T と p を一定として，両辺を k で偏微分すると

$$左辺：\left(\frac{\partial G(T, p, kn)}{\partial k}\right)_{T,p} = \left(\frac{\partial G(T, p, kn)}{\partial (kn)}\right)_{T,p} \frac{\partial (kn)}{\partial k}$$

$$= \left(\frac{\partial G(T, p, kn)}{\partial (kn)}\right)_{T,p} \cdot n$$

$$右辺：\left(\frac{\partial [kG(T, p, n)]}{\partial k}\right)_{T,p} = G(T, p, n)$$

したがって

---

[60] ここで，左辺の独立変数としては kn，右辺の独立変数としては n に注目すると，左辺の独立変数と右辺の独立変数が比例関係にあり，その比例係数 k が右辺に積の形で現れている．このような関係式を微分する場合の式展開は**オイラーの定理**とよばれる．（いまの場合，k は 1 次であるが高次でもよい．）

$$\left(\frac{\partial G\left(T,p,kn\right)}{\partial\left(kn\right)}\right)_{T,p}\cdot n = G\left(T,p,n\right) \tag{8.13}$$

ここで $k=1$ とおけば

$$\left(\frac{\partial G\left(T,p,n\right)}{\partial n}\right)_{T,p}\cdot n = G\left(T,p,n\right) \tag{8.14}$$

となる．よって，(8.11) の定義に加え，(8.12) の比例関係式を考慮すると

$$\mu \equiv \left(\frac{\partial G\left(T,p,n\right)}{\partial n}\right)_{T,p} = \frac{1}{n}G\left(T,p,n\right) \tag{8.15}$$

となり，**化学ポテンシャルは 1 mol 当たりのギブズの自由エネルギー**とも理解できる．なお，1 つあるいは 2 つの示量性変数に基づいて表現された内部エネルギー，エンタルピー，ヘルムホルツの自由エネルギーでは，ギブズの自由エネルギーのようなわかりやすい結果は導くことは困難である．このような理由が，相平衡を考える際にギブズの自由エネルギーの優位性を与えているともいえる．

　以上のように，本節では mol 数という新たな独立変数を導入したことによって，各相の量の変化にともなうギブズの自由エネルギーの絶対量の変化に関して化学ポテンシャルを用いて定量的に表現できるようになり，次節への準備ができた．

8.2.2 気液 2 相平衡の条件

　図 8.1 のように閉鎖系で純粋物質の気相（添字 g）と液相（添字 l）が共存する

図 8.1 液相と気相の共存

系を考えよう．ただし，全体積は変わりうるものとする．（具体的には図 7.1(a) の状態 C のようなピストン付きのシリンダー内の現象を考えればよい．）閉鎖系なので物質の全量は変わらないが，相変化により各相の量は変わることができるので，各相に注目すると前節のような開放系の性格を帯びる．ここでは，気相と液相を別の系として適用してみよう．ただし，熱平衡状態の準静的過程を考えるので温度 T と圧力 p は両相で共通である．気相の mol 数を n_{g} と液相の mol 数を n_{l} とすると全体の mol 数 n は

$$n = n_{\mathrm{g}} + n_{\mathrm{l}} \tag{8.16}$$

である．これらの mol 数を用いると，示量性変数 U, V, S, G は各相の和として

$$U(T, p, n) = U_{\mathrm{g}}(T, p, n_{\mathrm{g}}) + U_{\mathrm{l}}(T, p, n_{\mathrm{l}}) \tag{8.17}$$

$$S(T, p, n) = S_{\mathrm{g}}(T, p, n_{\mathrm{g}}) + S_{\mathrm{l}}(T, p, n_{\mathrm{l}}) \tag{8.18}$$

$$V(T, p, n) = V_{\mathrm{g}}(T, p, n_{\mathrm{g}}) + V_{\mathrm{l}}(T, p, n_{\mathrm{l}}) \tag{8.19}$$

$$G(T, p, n) = G_{\mathrm{g}}(T, p, n_{\mathrm{g}}) + G_{\mathrm{l}}(T, p, n_{\mathrm{l}})$$
$$= n_{\mathrm{g}} \mu_{\mathrm{g}}(T, p) + n_{\mathrm{l}} \mu_{\mathrm{l}}(T, p) \tag{8.20}$$

と表される．さらに，(8.10) は，(8.18), (8.19), (8.20) を追加的に考慮すれば

$$dG(T, p, n) = -S\, dT + V\, dp + \mu\, dn$$
$$= dG(T, p, n_{\mathrm{g}}, n_{\mathrm{l}})$$
$$= -(S_{\mathrm{g}} + S_{\mathrm{l}})\, dT + (V_{\mathrm{g}} + V_{\mathrm{l}})\, dp + \mu_{\mathrm{g}}\, dn_{\mathrm{g}} + \mu_{\mathrm{l}}\, dn_{\mathrm{l}} \tag{8.21}$$

となる．

ここで，等温 ($dT = 0$)・定圧 ($dp = 0$) 条件での 2 相平衡条件を考えよう．（体積 V は変化してよい．）**(6.47)** から，ギブズの自由エネルギーが最小になって変化がなくなった場合が平衡条件であるので，(8.21) から

$$dG = \mu_{\mathrm{g}}\, dn_{\mathrm{g}} + \mu_{\mathrm{l}}\, dn_{\mathrm{l}} = 0 \tag{8.22}$$

となるが，(8.16) から束縛条件

$$dn_\mathrm{g} + dn_\mathrm{l} = 0 \tag{8.23}$$

を満たす必要がある．そこで (8.22) と (8.23) から

$$\mu_\mathrm{g}\,(T, p) = \mu_\mathrm{l}\,(T, p) \tag{8.24}$$

が気液 2 相が平衡して共存する条件となる．

　(8.22) から (8.24) は，系のモル数が一定のとき，1 mol 当たりのギブズの自由エネルギーが気液両相で等しいなら，両者の割合（mol 比）にかかわらず全体のギブズの自由エネルギーも一定ということを述べており，ファン・デル・ワールスの状態方程式のところで，やはり (6.47) から直ちに示した線分 AE 上での条件

$$G_\mathrm{total}\,(p, T) = 一定 \tag{7.30}$$

を，mol 当たりの視点から言い換えたものにすぎない．

8.3　化学ポテンシャル／ギブズの自由エネルギーの性質と物質の *p-T* 図

　相平衡で中心的役割を果たす化学ポテンシャルやギブズの自由エネルギーについて，これまでは漠然とした状態量として（実際の性質に具体的に言及せず単に式展開上で記号的に）扱ってきたので，ここで実際の変化を確認しておこう．

　なお，本節と 8.4 節では気液 2 相の平衡について議論するので，基本的には，気体および液体 1 mol 当たりのギブズの自由エネルギーに相当する示強性量——化学ポテンシャル μ_g および μ_l で表記する．このことに伴って，これまでギブズの自由エネルギーとの関係式に用いてきたエントロピー S や体積 V も，1 mol 当たりの量として，それぞれ記号 s と v を用い，添字 g あるいは l を付けて表す．すなわち，(6.24) で，それぞれ左辺と右辺を入れ替え，記号も変更して

$$\left(\frac{\partial \mu_\mathrm{g}}{\partial T}\right)_p = -s_\mathrm{g}, \quad \left(\frac{\partial \mu_\mathrm{l}}{\partial T}\right)_p = -s_\mathrm{l} \quad (p\ 一定のとき) \tag{8.25}$$

$$\left(\frac{\partial \mu_\mathrm{g}}{\partial p}\right)_T = v_\mathrm{g}, \quad \left(\frac{\partial \mu_\mathrm{l}}{\partial p}\right)_T = v_\mathrm{l} \quad (T\ 一定のとき) \tag{8.26}$$

という関係式を考える.

8.3.1 化学ポテンシャル／ギブズの自由エネルギーと気体−液体−固体の変化

　固体は本書の範囲外であるが，気液平衡と液固平衡については基本的には同様に考えることができるので，例外的ではあるが議論を固体にまで詳細な説明を省略して拡張する．なお，以下の (i)-(iv) では相にかかわらず共通することであるので相を表す添字は省略する.

　まず，圧力 p が一定で準静的変化の場合について，(8.25) から純物質について以下のことがわかる.

(i) 常に $s > 0$ であるので，μ は T とともに減少する.

(ii) $(\partial\mu/\partial T)_p$（$\mu$ の T に対する減少の傾き）は s が大きいほど急峻になる．ここで s の値について考えると，物質は圧力一定の条件で，固体 → 液体 → 気体をたどる相変化の際に熱を吸収するので，低温側からの積分値に対応する s もこの順番で大きくなる．したがって，μ の（負の）傾きもこの順番で大きくなる.

一方，温度 T が一定で準静的変化の場合について，(8.26) から純物質について以下のことがわかる.

(iii) 常に $v > 0$ であるので，μ は p とともに増加する.

(iv) $(\partial\mu/\partial p)_T$（$\mu$ の p に対する増加の傾き）は v が大きいほど大きい．2 相共存状態に関して，同じ温度で体積を比べると，固体より液体，液体より気体，の方が大きくなる [61] ので，μ の傾きもこの順番で大きくなる.

　したがって，これらより，気体，液体，固体の化学ポテンシャルは定性的には図 8.2(a) と (b) のようになることがわかる．図 8.2(a) で気体と液体，液体と固体の化学ポテンシャルがそれぞれ交わっている温度に注目しよう．$\mu_g = \mu_l$ が，前述の気液相平衡状態である．この温度より高温側では $\mu_g < \mu_l$ なので平衡の条件から気体状態が実現するが，逆に低温側では $\mu_g > \mu_l$ なので平衡の条

---

[61] この大小関係は，氷と液体の水のように 0 ℃付近の狭い温度域で逆転する場合もあるが，極めて例外的なものと考えてよい.

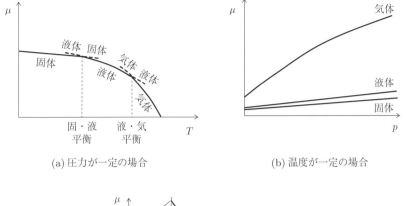

(a) 圧力が一定の場合　　　　　　　(b) 温度が一定の場合

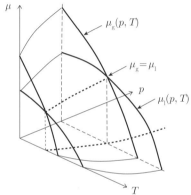

(c) 気液 2 相に対する μ-T-p 面での立体的表示
（p-T 面での太い点線は 8.3.2 項参照）

図 8.2　純物質の化学ポテンシャルの変化

件から液体状態が実現する．液体と固体についても同様である．図 8.2(c) は，μ_{g} と μ_{l} を (p, T) に対して立体表示したものであり，$\mu_{\mathrm{g}} = \mu_{\mathrm{l}}$ で相平衡となる条件を p-T 面に射影して太い点線で示している．

8.3.2　p-T 図上での相の境界と相律

　ここで，図 8.2(c) で表示された p-T 面での物質の性質を，さらにもう少しくわしく見てみよう．前述したように，相平衡状態では 2 相の温度と圧力が等し

く, ギブズの自由エネルギーも等しいという条件が満たされる. この結果, p-T 面上では, 相平衡状態が同図の太い点線で表され, これが p-T 図での気体と液体の境界である.

　図 8.3 の p-T 面上に, 実際の物質における相の境界線を, 気体・液体だけでなく固体を含めて示す. 固体と気体の境界で起こる相変化現象については, 固体 → 気体の変化も気体 → 固体の変化も, わが国では従来は**昇華** (sublimatiom) とよばれていた. しかし以前から, 気体 → 固体の変化は昇華とは異なる語で区別すべきという意見があり, 近年ようやく**凝華** (英語では deposition) が認められた[62]. 昇華は, 身近な例では衣料用防虫剤として用いるナフタレン (ナフタリン), パラジクロルベンゼン, ショウノウなどが固体から直接気体に変化する場合に見られる. 気体と液体の境界線 (**蒸気圧曲線**とよぶ), 液体と固体の境界線 (**融解曲線**とよぶ), 気体と固体の境界線 (**昇華曲線**とよぶ) の 3 つが集まる点, すなわち気体・液体・固体が共存する**三重点**が存在する (表 8.1). ((V, T, p) の 3 軸を用いて立体表示する場合には三重線となる.) 圧力を高くしていった場合, 蒸気圧曲線 (気体と液体の境界線) は臨界点で途切れており, この点より温度, 圧力が高いと両者の区別がつかなくなる. 一方, 液体と固体の境界は三重点を下端として圧力が増加するとどこまでも伸びていく. 通常の物質の場合は温度一定の鉛直方向よりいくぶん右に傾いているが, 水の場合は例外的に左に傾いている[63].

　ここで, 図 8.3 を各相の領域と境界という視点から眺めてみると,

- 気体, 液体, 固体の各状態は面 (2 次元に広がる点 (T, p) の集合) で存在する

- 気体と液体, 液体と固体, 固体と液体の各共存状態は線上の (T, p) の集合でのみ実現する

- 気体と液体と固体の 3 相共存状態は点 (T_t, p_t) 上でのみ実現する

---

[62] 細矢治夫『ついに「凝華」が教科書に』, 現代化学, pp.62-63, 2017 年 9 月号.

[63] 水の融解曲線のこのような特異な傾きのため, 白っぽく乾いて見える氷の上でスケートが滑る理由を, エッジによる局所的な圧力上昇により ((p-T 図上で T を一定として p を増加させると固体から液体状態に移るため) エッジ下面では氷が水に変わって液膜が形成されるからだと説明されることがよくある. これはスケートが滑る理由の 1 つではあるが, 条件によっては必ずしも十分な理由とはいえず, まだ不明な点が多いとされている.

表 8.1　三重点の圧力 p_t と温度 T_t

物質	Pa	K
Ar	68700	83.78
CH_4	11720	90.68
CO_2	518000	216.58
H_2	7200	13.96
H_2O	611.2	273.16
He	5035	2.177
N_2	12500	63.148
NH_3	6477	195.4
O_2	100	54.359

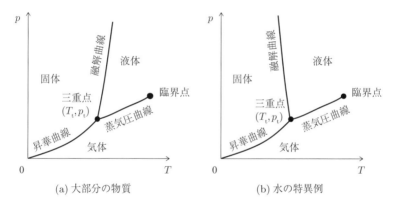

(a) 大部分の物質　　　　　(b) 水の特異例

図 8.3　$p\text{-}T$ 図上での物質の相状態

（なお三重点の温度 T_t は SI の K の定点ではなくなったが，新しい定義が定められた 2018 年の時点の測定値は相対不確かさ 3.7×10^{-7} で 273.16 K $= 0.01\,℃$，圧力 p_t は 610 Pa に等しい．）

ことがわかる．すなわち，それぞれの場合について，状態量 p と T が取り得る**自由度** (degree of freedom) を fr で表すと

- 1 相のみ：$fr = 2$
- 2 相共存：$fr = 1$
- 3 相共存：$fr = 0$　（物質によって決まっている）

と表現でき，共存する相の数を ph とすると

$$fr = 3 - ph \tag{8.27}$$

となる．これを単成分物質に対する**ギブズの相律** (phase rule) とよぶ．なお，本書では対象外であるが，一般に複数成分の場合は成分数を co とすると，平衡に関係する状態量と束縛条件の関係から

$$fr = co + 2 - ph \tag{8.28}$$

となり，(8.27) は $co = 1$ （1 成分）の例である．

8.4　クラペイロン–クラウジウスの式

8.2 節で述べたように，気液 2 相が平衡する場合

$$\mu_{\mathrm{g}}\left(T, p\right) = \mu_{\mathrm{l}}\left(T, p\right) \tag{8.24}$$

の関係が成り立つ．図 8.2 に立体的に示したようにこの相平衡となる交線を p-T 面に投影したものが図 8.3 の太い点線であり蒸気圧曲線に対応する．

この飽和蒸気圧曲線上での関係式を求めてみよう．(8.24) より，圧力と温度を微少量変化させても

$$\mu_{\mathrm{g}}\left(p + dp, T + dT\right) = \mu_{\mathrm{l}}\left(p + dp, T + dT\right) \tag{8.29}$$

であるので，展開すると

$$\mu_{\mathrm{g}}\left(p, T\right) + \left(\frac{\partial \mu_{\mathrm{g}}}{\partial p}\right)_T dp + \left(\frac{\partial \mu_{\mathrm{g}}}{\partial T}\right)_p dT$$
$$= \mu_{\mathrm{l}}\left(p, T\right) + \left(\frac{\partial \mu_{\mathrm{l}}}{\partial p}\right)_T dp + \left(\frac{\partial \mu_{\mathrm{l}}}{\partial T}\right)_p dT \tag{8.30}$$

したがって

$$\left\{\left(\frac{\partial \mu_{\mathrm{g}}}{\partial p}\right)_T - \left(\frac{\partial \mu_{\mathrm{l}}}{\partial p}\right)_T\right\} dp = \left\{-\left(\frac{\partial \mu_{\mathrm{g}}}{\partial T}\right)_p + \left(\frac{\partial \mu_{\mathrm{l}}}{\partial T}\right)_p\right\} dT \tag{8.31}$$

となり，さらに (8.25) と (8.26) から

$$(v_{\mathrm{g}} - v_{\mathrm{l}})\, dp = (s_{\mathrm{g}} - s_{\mathrm{l}})\, dT \tag{8.32}$$

ゆえ，蒸気圧曲線の傾きは

$$\frac{dp}{dT} = \frac{s_{\mathrm{g}} - s_{\mathrm{l}}}{v_{\mathrm{g}} - v_{\mathrm{l}}} \tag{8.33}$$

と表される．これを**クラペイロン–クラウジウ
ス (Clapeylon-Clausius) の式**という．なお，こ
れと同様の関係は融解曲線にも昇華曲線にも成
り立つ．

ここで，(8.33) 右辺の分子は，相平衡の温度に
対応する気液のエントロピーの差であるので，
エントロピーの定義から温度 T での相変化の
潜熱 L（1 mol 当たり）と関係づけられ，

図 8.4　クラペイロン

$$s_{\mathrm{g}} - s_{\mathrm{l}} = \frac{L}{T} \tag{8.34}$$

と書き換えられる．よって

$$\frac{dp}{dT} = \frac{L}{T\,(v_{\mathrm{g}} - v_{\mathrm{l}})} \tag{8.35}$$

とも表現できる．これは相平衡状態における温度と圧力（飽和蒸気圧）の関係
が，潜熱やエントロピー差と関係づけられる有用な式である．

ここで，気体の体積 v_{g} に対し液体の体積 v_{l} を無視するとともに，v_{g} を理想
気体の状態方程式で近似すると，1 mol について

$$\frac{dp}{dT} = \frac{L}{T v_{\mathrm{g}}} = \frac{Lp}{RT^2} \tag{8.36}$$

となる．さらに潜熱 L が温度によらず一定と仮定[64]すると，

$$\frac{dp}{p} = \frac{L}{R}\frac{dT}{T^2} \tag{8.37}$$

---

[64] この仮定は，水の場合を付録 C の図 C.4 からも確認できるように，よい近似である．

であるので，積分定数を C として

$$\log p = -\frac{L}{RT} + C \tag{8.38}$$

という近似式が得られる．2 相共存状態で $p = p_0$ のとき $T = T_0$ とすれば，積分定数は

$$C = \log p_0 + \frac{L}{RT_0} \tag{8.39}$$

と決まるので

$$\log p = -\frac{L}{RT} + \log p_0 + \frac{L}{RT_0} \tag{8.40}$$

より

$$\log \frac{p}{p_0} = -\frac{L}{R}\left(\frac{1}{T} - \frac{1}{T_0}\right) \tag{8.41}$$

あるいは

$$\frac{p}{p_0} = \exp\left[-\frac{L}{R}\left(\frac{1}{T} - \frac{1}{T_0}\right)\right] = \exp\left[-\frac{L}{RT_0}\left(\frac{T_0}{T} - 1\right)\right] \tag{8.42}$$

の関係式が得られる．水の場合，大気圧 $p_0 = 10^5$ Pa, $T_0 = 373.15$ K, 付録の図 C.4 より $L = 2.26 \times 10^3$ J/g $= 2.26 \times 10^3$ J/g $\times$ (18 g/mol) $= 4.068 \times 10^4$ J/mol, $R = 8.314$ J/(mol K) を代入すると

$$\frac{RT_0}{L} = \frac{8.314 \times 373.15}{4.068 \times 10^4} = 0.0763 \tag{8.43}$$

ゆえ

$$\frac{p}{p_0} = \exp\left[-\frac{1}{0.0763}\left(\frac{T_0}{T} - 1\right)\right] \tag{8.44}$$

と表される．(8.44) は付録 C の図 C.3 に示す水蒸気の飽和蒸気圧とほとんど一致するので両者の見分けがつかない．（このことは，次節の例題で水の沸騰温度を 2 通りの求め方をした結果の比較から確認できる．）

　本書では，これまで概念上の式を展開することがほとんどであったが，このように理論的に求められた式に実際の物質のデータを代入し，その結果が実験（測定）結果と一致することは，とても大切かつ感激的なことである．そもそも，これまで述べてきた理論や仮説のすべては，先人たちがそのような試行錯誤を

繰り返し一歩ずつ積み上げてきた結果だということを忘れないようにしよう.

なお,以上の議論は液相と気相との共存に対して展開したが,液相と固相,あるいは固相と気相との平衡にも,まったく同様に適用できる.

8.5 熱力学を身近な現象に適用してみよう——登山に関する熱力学

以上で,熱力学の第一歩として,必要最小限かつ深く理解しておいてほしいことを述べた.そこで,本文を締めくくるにあたり,熱力学の知識に力学の初歩的な知識も加えて身近な現象を考察できることを示したい.

その一例として,登山に関する熱力学を考えよう.富士山や日本アルプスのような高山に登ると気圧と気温が顕著に下がる.また高山のキャンプ地で湯を沸かした経験のある人は沸騰したお湯の温度[65]が平地よりも少し低いことに気づいたと思う.これらのことを,定量的に考察してみよう.

高度とともに気圧と気温が減少する現象では,両者は相互に関連していることに注意しよう.まず出発点として,気圧について力学的な釣り合い,すなわち図 8.5 に示す鉛直方向 z 軸に沿った空気柱を考える[66].大気の気圧が下層ほど高いのは,その高さよりも上側にある空気の質量が重力により作用しているためである.そこで,空気(水分を無視した乾燥空気とする)の密度を ρ(単位は kg/m^3),地球の重力加速度を一定値 g(単位は m/s^2)すると,圧力 $p(z)$ の微小高さ dz での減少は

$$dp = -\rho(z)\,g\,dz \tag{8.45}$$

となる.ここで理想気体の状態方程式 (3.6) を適用するが,この系では mol 数

---

[65] 7.1 節の脚注 53 でも注意したように,大気中でやかんや鍋の湯が沸騰する現象は開放系での現象であることに注意すべきであるが,沸騰する温度自体は閉鎖系の水の大気圧に対する飽和蒸気圧に等しい.さらに,このことに限らず,本節では実際の現象にアプローチするので,これまでのように厳密な閉鎖系では必ずしもないが,局所的にはこれまでの議論が適用できると考えて読み進んでもらいたい.

[66] ここで読者は,熱力学の基礎式ではこのような空間座標(さらに時間も)が一切出てこなかったことにあらためて気づくであろう.本書でこれまで出てきた主な変数は各種の熱力学状態量であり,しかも,それらの状態量が相互に独立変数になったり従属変数になったりという相対的なものであった.このことは熱力学が,力学や**電磁気学** (electromagnetism) などとは大きく異なる特徴の 1 つである.

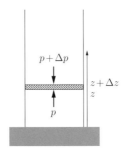

図 8.5 大気圧の力学的平衡

は重要ではないので，以下では 1 mol の空気について次式を考える．

$$pV = RT \tag{3.6'}$$

1 mol の空気の質量を m（mol 質量：単位を g/mol とする場合の数値は分子量の値に等しく，空気の場合は 28.96 g/mol）[67] とすると密度は

$$\rho = \frac{m}{V} = \frac{m \cdot p(z)}{RT(z)} \tag{8.46}$$

と表されるので，(8.46) を (8.45) に代入すると

$$\frac{dp}{p(z)} = -\frac{mg}{RT(z)}dz \tag{8.47}$$

となり，これが圧力の高度変化を決定する微分方程式である．

　ここで，高度とともに気温が変化する理由について考えよう．大気は鉛直方向の運動や混合を繰り返す結果，熱力学的に整合するような圧力分布と温度分布が形成されている．そのような場で，大気の大きなかたまりが上昇すると，周囲の（もともとあった）大気の圧力降下に従って，かたまりはほぼ断熱的に膨張する [68]．そこで，この大気のかたまりには，熱力学第 1 法則に断熱条件を適

---

[67] 実際の数値を代入して計算する場合，気体定数の単位中のジュールは $J = kg\ m^2\ s^{-2}$ なので g との間で変換する場合は 10^3 の違いに注意が必要である．

[68] 現象を代表する長さスケールに対し，体積はその 3 乗に比例するが，表面積はその 2 乗に比例するので，力にしても熱移動にしても，大きなスケールでは体積に比例する因子が優勢になり，逆に小さなスケールでは面積に比例する因子が優勢になる．気象現象は総じてスケールが大きいので，周囲と熱をやりとりする影響は小さく断熱変化はよい近似となる．

用した (3.30) より

$$0 = d'Q = C_p\,dT - V\,dp \tag{8.48}$$

が適用できる. (8.47) を用いて dp を消去すると

$$
\begin{aligned}
0 &= C_p\,dT - V\,dp \\
&= C_p\,dT + V \cdot p\frac{mg}{RT}dz = C_p\,dT + mg\,dz
\end{aligned}
\tag{8.49}
$$

となる. したがって, 温度の鉛直方向への降下率を $\Gamma_\mathrm{d} \equiv dT/dz$ とすると, 1 mol の空気の mol 比熱 $C_p = 29.15$ J K^{-1} mol^{-1} (**付録 C** より) を用いて

$$
\begin{aligned}
\Gamma_\mathrm{d} = \frac{dT}{dz} &= -\frac{mg}{C_p} = -\frac{28.96 \times 9.8}{29.15 \times 10^3} \\
&= -9.8 \times 10^{-3}\ \mathrm{K/m} = -9.8\ \mathrm{K/km}
\end{aligned}
\tag{8.50}
$$

となる. (結果的に, 温度の鉛直方向への降下率は圧力分布が未知でも求まったことに注意.) すなわち, 乾燥大気が鉛直方向に移動して断熱変化で温度が変わる場合は, (8.50) で与えられる一定の割合で気温が降下する. これを**乾燥断熱減率** (dry adiabatic lapse rate) とよぶ [69]. 実際の大気中では鉛直方向の混合が常に生じているため, このように求めた温度減率は大気中の基本的な鉛直方向温度分布も与えることになる [70].

　この結果, 乾燥大気を仮定する場合, 温度の z 方向変化は, 平地での温度を $T_0 = T(0)$ とすると

$$T(z) = T_0 - \Gamma_\mathrm{d} z \tag{8.51}$$

---

[69] 本書の内容を越えるので簡単な説明に留めるが, 実際の大気には水分も含まれるため温度降下にともなって凝縮にともなう潜熱が放出される結果, 乾燥空気と比べると温度降下は小さくなる. この場合は**湿潤断熱減率** (moist adiabatic lapse rate) とよばれ, 湿度に依存して変化する. 天気予報でよく耳にする**フェーン現象** (Föhn phenomenon) は, 風が山越えをする際に, これらの減率の違いに基づいて起こる. なお, 水蒸気の mol 質量は約 18 g/mol であるので, 空気の約 29 g/mol に対して約 0.62 倍と軽い. このため, 水蒸気の含有率が高くなるほど空気は軽くなる.

[70] 大気の温度分布が決まる過程を大気の水平方向の移動がないとして極めて大まかに表現すると, まず地表の温度が, 太陽から入射する放射エネルギーと地表から宇宙に放出する放射エネルギーの釣り合いで決まる. 次いで, 地表と接する大気温度は, 地表温度から鉛直方向に断熱変化に従う率で温度降下していく.

と表すことができる．そこで，これを (8.47) に代入すると

$$\frac{dp}{p\,(z)} = -\frac{mg}{R} \cdot \frac{dz}{T_0 - \Gamma_{\mathrm{d}} z} = \frac{mg}{R\Gamma_{\mathrm{d}}} \cdot \frac{dz}{z - \dfrac{T_0}{\Gamma_{\mathrm{d}}}}$$

$$= \frac{C_p}{R} \cdot \frac{dz}{z - \dfrac{T_0}{\Gamma_{\mathrm{d}}}} \tag{8.52}$$

となるので，積分すると

$$\log p = \frac{C_p}{R} \cdot \log \left(z - \frac{T_0}{\Gamma_{\mathrm{d}}} \right) + \text{積分定数} \tag{8.53}$$

となるので，最終的に

$$p\,(z) = A \left(z - \frac{T_0}{\Gamma_{\mathrm{d}}} \right)^{C_p/R} \tag{8.54}$$

となる．ここで，A は積分定数であり，その値を決めるために平地 $z = 0$ での圧力 $p_0 = p\,(0)$ を代入すると，

$$p_0 = p\,(0) = A \left(-\frac{T_0}{\Gamma_{\mathrm{d}}} \right)^{C_p/R} \quad \text{より，} \quad A = p_0 \left/ \left(-\frac{T_0}{\Gamma_{\mathrm{d}}} \right)^{C_p/R} \right. \tag{8.55}$$

となる．したがって

$$p\,(z) = A \left(z - \frac{T_0}{\Gamma_{\mathrm{d}}} \right)^{C_p/R} = p_0 \left[\left(z - \frac{T_0}{\Gamma_{\mathrm{d}}} \right) \left/ \left(-\frac{T_0}{\Gamma_{\mathrm{d}}} \right) \right. \right]^{C_p/R}$$

$$= p_0 \left(\frac{\Gamma_{\mathrm{d}} z - T_0}{-T_0} \right)^{C_p/R} = p_0 \left(\frac{T_0 - \Gamma_{\mathrm{d}} z}{T_0} \right)^{C_p/R} \tag{8.56}$$

ゆえ

$$\frac{p\,(z)}{p_0} = \left(\frac{T_0 - \Gamma_{\mathrm{d}} z}{T_0} \right)^{C_p/R} \tag{8.57}$$

が圧力の高度変化を与える．実際の数値を代入すると

$$\frac{p\,(z)}{p_0} = \left(\frac{T_0 - \Gamma_{\mathrm{d}} z}{T_0} \right)^{29.15/8.314} \simeq \left(\frac{T_0 - \Gamma_{\mathrm{d}} z}{T_0} \right)^{3.5} \tag{8.58}$$

となる.

したがって, 平坦な地表上で一様な大気が存在している場合を**基本場**とよぶ
ことにし, その基本場の高度依存性が山岳地帯に対しても近似的にあてはまる
と仮定するならば, 図 C.3 のような水の飽和温度のデータを用いて, 高山キャ
ンプでの湯の沸騰温度もおおよそ知ることができる. また, そのようなデータ
がない場合でも, 潜熱 L のデータさえあれば, (8.41), (8.42) などの近似式を適
用すれば計算することができる. すなわち, 平地での圧力 p_0 と高度 z_1 におけ
る圧力 p_1 に対する飽和温度 (これを開放系での沸騰温度 T_b と等しいとする)
を, それぞれ T_{b0} と T_{b1} とすると

$$\log p_1 - \log p_0 = \log \frac{p_1}{p_0} = -\frac{L}{RT_{b0}}\left(\frac{T_{b0}}{T_{b1}} - 1\right) \tag{8.59}$$

の関係が成り立つので, p_0, T_{b0}, p_1 を与えれば T_{b1} を求めることができる.

以上で解を求める準備ができたので, 富士山頂での値を計算してみよう. 平
地 z_0 で $p_0 = 10^5$ Pa, $T_0 = 298$ K, $z_1 = 3776$ m とすると温度は

$$\begin{aligned} T(z_1) &= T_0 - \Gamma_d z_1 = 298 - 9.8 \times 10^{-3} \times 3776 \\ &= 298 - 37 = 261 \text{ K} \end{aligned} \tag{8.51'}$$

$$\frac{p(z_1)}{p_0} = \left(\frac{T_0 - \Gamma_d z_1}{T_0}\right)^{3.5} = \left(\frac{261}{298}\right)^{3.5} = 0.8758^{3.5} = 0.629 \tag{8.57'}$$

のように求められ, 平地の 63% 程度と空気は相当薄いことがわかる.

さらに, この気圧における沸騰温度 T_{b1} は, 図 C.3 の水の飽和蒸気圧から求
めると約 360 K (約 87 ℃) である. 一方, 潜熱 L を一定として近似して求め
た (8.44) と (8.59) より (すなわち, (8.44) における T_0 は, ここでは (8.59) の
ように T_{b0} と読み替えて)

$$0.629 = \exp\left[-\frac{1}{0.0763}\left(\frac{373.15}{T_{b1}} - 1\right)\right] \tag{8.44'}$$

なので, やはり

$$約\ T_{b1} = 360\,\text{K}\ (約\ 87\,℃) \tag{8.60}$$

となる.

　以上の例のように，本書で学んだ範囲で理解できる現象は他にも少なくない.
熱力学の知識でさまざまな現象の理解や解明にチャレンジしてみよう！

章末問題

8.1

$$dG\,(T, p, n) = -S\,dT + V\,dp + \mu\,dn \tag{8.10}$$

で右辺の第 1 項と第 2 項について

$$-S\,dT + V\,dp = n\,d\mu \tag{8.61}$$

であることを確認せよ.

ファン・デル・ワールスの状態方程式に関する補足

ファン・デル・ワールスの状態方程式における臨界温度以下の等温線は，p-V 図上で極大値と極小値を有する特異な曲線となって，実際の物質の状態からかけ離れていた．数学的な観点からファン・デル・ワールスの状態方程式を考えよう．体積 V に注目して式変形すると 3 次方程式

$$V^3 - \left(\frac{RT}{p} + b\right)V^2 + \frac{a}{p}V - \frac{ab}{p} = 0 \tag{A.1}$$

となるため，ある温度 T と圧力 p の範囲ではある T と p に対して 3 重根を有する．（つまり，3 つの体積 V が状態方程式を満たすという特異性を有していることが，実際の現象との相違を生む原因となっている．）

そこで，この領域では，熱力学（物理）的考察からマクスウェルの等面積の規則を援用することにより，実際の物質にほぼ対応する気液共存域を表すことができた．本付録ではさらに，ファン・デル・ワールスの状態方程式から導出されるギブズの自由エネルギーとヘルムホルツの自由エネルギーの挙動 [71] も考察することにより，理解を深めておこう．

A.1 ファン・デル・ワールスの状態方程式とギブズの自由エネルギー

図 A.1 の下側の V-p 図は図 7.8 と同じであるが，その等温線に沿ったギブズの自由エネルギー G の変化である G-p 図を上側に示す．

[71) 物質の状態方程式が与えられていれば，その状態方程式の適否はともかく，熱力学関係式に従って各種の状態量を求めることはできる．

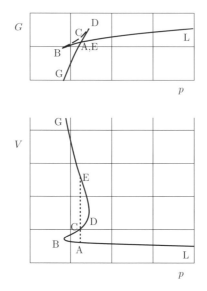

図 A.1　ファン・デル・ワールスの状態方程式の等温線に対応する
ギブズの自由エネルギーの変化

この G-p 図は，

$$\left(\frac{\partial G}{\partial p}\right)_T = V \quad (T\text{ 一定のとき}) \tag{6.24}$$

の関係式に基づいて定性的に理解できる．すなわち，等温条件における G-p 図
上での G の勾配は，V に対応して増減するので，図 A.1 下側の図（V-p 図）上
での V の変化（G→E→D→C→B→A→L の方向に単調に V が減少している）
と合わせて考えると，G-p 図上での傾き $|\partial G/\partial p|_T$ について以下のようなふる
まいが見られる．

- G→D と変化後，点 D で p が減少に転じて D→B と折り返す際は傾きが
  連続的に小さくなり，さらに
- D→B と変化後，点 B で p が増加に転じて B→L と折り返す際も傾きが連
  続的に小さくなり，結果的に
- G→D の線と B→L の線が交差して，p も G も等しくなる点 E と点 A は
  相平衡を満たす 2 点となる．（マクスウェルの等面積の規則により AE 間

は 2 相共存域と考えた.）

　これらより，同じ圧力でギブズの自由エネルギー G を比べれば，G がより小さい状態すなわち $\mathrm{G} \rightleftarrows \mathrm{E} \rightleftarrows \mathrm{A} \rightleftarrows \mathrm{L}$ という変化は自然であることがわかる.

　このように，ファン・デル・ワールスの状態方程式に対応するギブズの自由エネルギーは，7.3 節で 2 相共存域とした範囲で，点 E や点 A の値よりも大きい場合もあれば小さい場合もある．これは，本付録の冒頭に述べたファン・デル・ワールスの状態方程式（関数形）の特異性によるものである.

A.2　ファン・デル・ワールスの状態方程式とヘルムホルツの自由エネルギー

　図 A.2 の下側の p-V 図は図 7.8 と同じであるが，その等温線に沿ったヘルムホルツの自由エネルギー F の変化である F-V 図を上側に示す.

　この F-V 図は，ヘルムホルツの自由エネルギーが等温条件では

$$p = -\left(\frac{\partial F}{\partial V}\right)_T \quad (T \text{ 一定のとき}) \tag{6.23}$$

の関係式に基づいて定性的に理解できる．すなわち，V を横軸とする図では，F が減少する勾配は p に比例するので，F-V 図上では点 G から点 L に変化する場合，大局的には左上がりとなる．さらに，点 E，点 C，点 A で p が等しいのでこの 3 点で勾配も等しく，上図の $\mathbf{G} \to \mathbf{E} \to \mathbf{D} \to \mathbf{C} \to \mathbf{B} \to \mathbf{A} \to \mathbf{L}$ のようになる.

　ここで，点 A は飽和液線上なので状態量には添字 l をつけ，点 E では飽和蒸気線上なので状態量に添字 g をつけることにする．まず点 A と点 E では圧力 p が等しいので飽和圧力 p_{sat} を用いて

$$p_{\mathrm{l}} = p_{\mathrm{g}} = p_{\mathrm{sat}} \tag{A.2}$$

とすると，(6.23) から

$$\left(\frac{\partial F_{\mathrm{l}}}{\partial V_{\mathrm{l}}}\right)_T = -p_{\mathrm{sat}} = \left(\frac{\partial F_{\mathrm{g}}}{\partial V_{\mathrm{g}}}\right)_T \tag{A.3}$$

となる．さらに，点 A と点 E ではギブズの自由エネルギーも等しいので

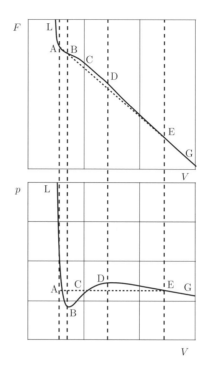

図 A.2 ファン・デル・ワールスの状態方程式の等温線に対応する
ヘルムホルツの自由エネルギーの変化

$$F_1 + p_{\text{sat}}V_1 = G_1 = G_{\text{g}} = F_{\text{g}} + p_{\text{sat}}V_{\text{g}} \tag{A.4}$$

より

$$\frac{F_1 - F_{\text{g}}}{V_1 - V_{\text{g}}} = -p_{\text{sat}} \tag{A.5}$$

となる．したがって，(A.3) と (A.5) から

$$\left(\frac{\partial F_1}{\partial V_1}\right)_T = \left(\frac{\partial F_{\text{g}}}{\partial V_{\text{g}}}\right)_T = \frac{F_1 - F_{\text{g}}}{V_1 - V_{\text{g}}} \tag{A.6}$$

となり，点 E と点 A を結ぶ直線（点線）は点 E と点 A で接線にもなっている[72]．すなわち，ファン・デル・ワールスの状態方程式の A から E までに対

---

[72] なお，この直線上では，点 E から点 A に，T 一定だけでなくさらに p 一定で変化する結果，体積を減らしながら相変化にともなう潜熱あるいはエントロピーを放出している．

応するヘルムホルツの自由エネルギー F は，温度一定，圧力一定の条件の F よりも大きくなっており，体積一定の条件（F-V 図で鉛直方向）で考えると，もともと不安定な状態であることがわかる．これもまた，本付録の冒頭に述べたファン・デル・ワールスの状態方程式（関数形）の特異性によるものといえる．

A.3　ファン・デル・ワールスの状態方程式における準安定状態

　A.1 節と A.2 節で述べたことで，点 A と点 E の間におけるファン・デル・ワールスの状態方程式は実際の現象とまったく対応しないような印象を与えたかもしれないが，実はそうではなく，E⇄D の範囲，A⇄B の範囲における状態は実際の現象とも対応する可能性のある重要性を有していることを付記しておこう．これらの領域はマクスウェルの等面積の規則によれば気液共存状態にあるとしてきたものの，実際の現象では E→D や A→B に沿う変化が生じることもある．つまり，

- E→D は，完全な平衡状態なら 8.3.1 項と同様の G の大小関係の議論から液相が現れるはずなのに，現れない．（**過冷却の状態**：点 E より実質的に高い圧力に対応する飽和温度を基準に考えると，液体にならず気体のままでいるので，過分に冷えているという意味．）

逆に

- A→B は，完全な平衡状態なら 8.3.1 項と同様の G の大小関係の議論から気相が現れるはずなのに，現れない．（**過熱の状態**：点 A より実質的に低い圧力に対応する飽和温度を基準に考えると，気体にならず液体のままでいるので，過分に熱せられているという意味．）

という現象である[73]．なお，このような状態を，通常の**安定状態** (stable state) に対して，**準安定状態** (metastable state) とよぶ．

---

[73] この現象は，これまで対象としてきたマクロで一様な物質でなく，相変化の際に生じる微小液滴の状態（気液界面に関するエネルギー）なども考慮する必要があるので，本書では深入りしない．現象の存在だけを知っておいてほしい．

なお，D$\rightleftharpoons$B の範囲では，p-V 図で見ると，

$$\left(\frac{\partial p}{\partial V}\right)_T = -\frac{1}{V\kappa} > 0 \quad (T \text{ 一定のとき}) \tag{A.7}$$

すなわち，温度一定の条件で，体積が増加すると圧力も増加するという，直感からも理解しがたい特性を示しており，実際の現象でも起こらない．

▌A.4　熱力学関数の性質とル・シャトリエの原理

最後に，ヘルムホルツの自由エネルギーに関する (6.23) とギブズの自由エネルギーに関する (6.24) の一般関係式に立ち戻ってみよう．まず，それぞれの式で左辺と右辺を入れ替え，新たに左辺となった 1 階微分をさらに微分して 2 階微分を求めると，以下のような不等式が得られる．

$$\left(\frac{\partial^2 F}{\partial T^2}\right)_V = -\left(\frac{\partial S}{\partial T}\right)_V = -\frac{C_V}{T} \leq 0 \quad \begin{array}{l}\text{（定積熱容量は非負なので}\\ \text{F-T 図では上に凸）}\end{array} \tag{A.8}$$

$$\left(\frac{\partial^2 F}{\partial V^2}\right)_T = -\left(\frac{\partial p}{\partial V}\right)_T = \frac{1}{V\kappa} \geq 0 \quad \begin{array}{l}\text{（等温圧縮率は非負なので}\\ \text{F-V 図では下に凸）}\end{array} \tag{A.9}$$

$$\left(\frac{\partial^2 G}{\partial T^2}\right)_p = -\left(\frac{\partial S}{\partial T}\right)_p = -\frac{C_p}{T} \leq 0 \quad \begin{array}{l}\text{（定圧熱容量は非負なので}\\ \text{G-T 図では上に凸）}\end{array} \tag{A.10}$$

$$\left(\frac{\partial^2 G}{\partial p^2}\right)_T = \left(\frac{\partial V}{\partial p}\right)_T = -V\kappa \leq 0 \quad \begin{array}{l}\text{（等温圧縮率は非負なので}\\ \text{G-p 図では上に凸）}\end{array} \tag{A.11}$$

各カッコ内には，F と G に関する 2 階微分の符号から，F-T，F-V，G-T，G-p 各図においてどのような形になるかを示した．これらの関係式から，図 A.1 と図 A.2 で示したギブズの自由エネルギーの G-p 図とヘルムホルツの自由エネルギーの F-V 図については，BD 間で，この不等式が満たされていなかったことが確認できる．このように，自由エネルギーの関数形は系の安定性（可能な変化）を考える上で重要である．

なお，第 3 章で

(a) 熱容量 C_V や C_p は非負である

(b) 等温圧縮率 κ は非負である

ことはともに自明として議論を進めた.

　(a) の根拠になる例として，温度の異なる物質 A と物質 B が熱的に接触しているとき，もし熱容量が負であれば，高温側から低温側に熱が移動すると，高温側はさらに温度が高く，低温側はさらに温度が低くなり，平衡に達する（温度が等しくなる）ことはない.

　(b) の根拠になる例として，密閉したシリンダー内で移動可能なピストンの両側に圧力の異なる気体があるとき，もし等温圧縮率が負であれば，高圧側が膨張するとさらに圧力が高く，低温側が収縮するとさらに圧力が低くなり，平衡に達する（圧力が等しくなってピストンが止まる）ことはない.

　したがって，熱容量も等温圧縮率も非負でなければならないことになる．実は，これらはル・シャトリエ (Le Chatelier, 1850–1936) の原理，すなわち

　　系がなんらかの原因で平衡状態からずれて変化を起こすときは，その
　　原因を緩和する方向に向かう

という原理に，暗黙のうちに対応していたといえる.

B よく用いる関係式

B.1 全微分と偏微分に関する式

$$dz = \left(\frac{\partial z}{\partial x}\right)_y dx + \left(\frac{\partial z}{\partial y}\right)_x dy \tag{3.11}$$

$$\left[\frac{\partial}{\partial y}\left(\frac{\partial z}{\partial x}\right)_y\right]_x = \left[\frac{\partial}{\partial x}\left(\frac{\partial z}{\partial y}\right)_x\right]_y \tag{3.12}$$

$$\left(\frac{\partial x}{\partial y}\right)_z = 1 \left/ \left(\frac{\partial y}{\partial x}\right)_z \right. \tag{3.13}$$

$$\left(\frac{\partial x}{\partial y}\right)_z \left(\frac{\partial y}{\partial z}\right)_x \left(\frac{\partial z}{\partial x}\right)_y = -1 \tag{3.14}$$

B.2 熱力学第 1 法則に関する式

$$U_{\mathrm{B}} - U_{\mathrm{A}} = Q + W \tag{2.4}$$

$$dU = d'Q + d'W = d'Q - p\,dV \tag{2.5}, (2.8)$$

$$H \equiv U + pV \tag{3.26}$$

$$d'Q = dU + p\,dV = dH - V\,dp \tag{3.15}, (3.30)$$

$$d'Q = T\,dS \tag{5.12'}$$

B.3 4つの熱力学関数に関する式

内部エネルギー

$$dU(S, V) = \left(\frac{\partial U}{\partial S}\right)_V dS + \left(\frac{\partial U}{\partial V}\right)_S dV = T\, dS - p\, dV \tag{6.1'}$$

エンタルピー

$$H \equiv U + pV \tag{3.26), (6.7}$$

$$dH(S, p) = \left(\frac{\partial H}{\partial S}\right)_p dS + \left(\frac{\partial H}{\partial p}\right)_S dp = T\, dS + V\, dp \tag{6.8}$$

ヘルムホルツの自由エネルギー

$$F \equiv U - TS \tag{6.10}$$

$$dF(T, V) = \left(\frac{\partial F}{\partial T}\right)_V dT + \left(\frac{\partial F}{\partial V}\right)_T dV = -S\, dT - p\, dV \tag{6.11}$$

ギブズの自由エネルギー

$$G \equiv H - TS = U + pV - TS = (U - TS) + pV = F + pV \tag{6.14}$$

$$dG(T, p) = \left(\frac{\partial G}{\partial T}\right)_p dT + \left(\frac{\partial G}{\partial p}\right)_T dp = -S\, dT + V\, dp \tag{6.15}$$

全微分の係数比較からの関係式

$$T = \left(\frac{\partial U}{\partial S}\right)_V, \qquad p = -\left(\frac{\partial U}{\partial V}\right)_S \tag{6.21}$$

$$T = \left(\frac{\partial H}{\partial S}\right)_p, \qquad V = \left(\frac{\partial H}{\partial p}\right)_S \tag{6.22}$$

$$S = -\left(\frac{\partial F}{\partial T}\right)_V, \qquad p = -\left(\frac{\partial F}{\partial V}\right)_T \tag{6.23}$$

$$S = -\left(\frac{\partial G}{\partial T}\right)_p, \qquad V = \left(\frac{\partial G}{\partial p}\right)_T \tag{6.24}$$

マクスウェルの関係式

$$\left(\frac{\partial T}{\partial V}\right)_S = -\left(\frac{\partial p}{\partial S}\right)_V \tag{6.26}$$

$$\left(\frac{\partial T}{\partial p}\right)_S = \left(\frac{\partial V}{\partial S}\right)_p \tag{6.27}$$

$$\left(\frac{\partial S}{\partial V}\right)_T = \left(\frac{\partial p}{\partial T}\right)_V \tag{6.28}$$

$$\left(\frac{\partial S}{\partial p}\right)_T = -\left(\frac{\partial V}{\partial T}\right)_p \tag{6.29}$$

B.4 理想気体に関する式

$$pV = nRT \tag{3.6}$$

$$R = 8.314 \text{ J/(mol K)} \tag{3.7}$$

定積熱容量と定圧熱容量

$$\gamma \equiv C_p / C_V \tag{3.39}$$

$$C_V = \frac{1}{\gamma - 1} nR, \quad C_p = \frac{\gamma}{\gamma - 1} nR \tag{3.40}$$

内部エネルギー

$$U = C_V T + \text{定数} \tag{3.44}$$

エントロピー

$$
\begin{aligned}
S(p, V) &= C_V \ln \frac{p}{\text{定数}\,1} + C_p \ln \frac{V}{\text{定数}\,2} \\
&= S(T, V) = C_V \ln \frac{T}{\text{定数}\,3} + nR \ln \frac{V}{\text{定数}\,4} \\
&= S(T, p) = C_p \ln \frac{T}{\text{定数}\,5} - nR \ln \frac{p}{\text{定数}\,6}
\end{aligned}
\tag{5.35'}
$$

物質の性質に関するデータ

物質のデータは，精密に計測されている物理定数とは異なり，出典により有効数字 3 桁目（場合によっては 2 桁目）のバラツキは多々あるので注意せよ．

表 C.1　単位系

物理量	組立単位：基本単位での表示	物理量	組立単位：基本単位での表示
力	$N : kg\ m\ s^{-2}$	エネルギー	$J = N\ m : kg\ m^2\ s^{-2}$
圧力	$Pa = N/m^2 : kg\ m^{-1}\ s^{-2}$	仕事率	$W = J/s : kg\ m^2\ s^{-3}$

表 C.2　SI 単位以外で慣用的に用いられる単位

名称	SI 単位への変換	備　考
気圧 atm	1.01325×10^5 Pa	気圧は日常感覚に即しているので実用的．気象では hPa がよく用いられ 1 atm ≒ 1013 hPa
カロリー cal	4.184 J	食品や栄養学では使用されている．ただし言葉でカロリーというときは kcal = 1000 cal を意味することが多いので注意．
馬力 hp, HP	745.7 W	種々の定義があり，左の値は英馬力．歴史的には役目を終了．

表 C.3　SI 接頭語（10 進数における 10 のべき乗数）

f	p	n	μ	m	c	d	da	h	k	M	G	T	P
フェムト	ピコ	ナノ	マイクロ	ミリ	センチ	デシ	デカ	ヘクト	キロ	メガ	ギガ	テラ	ペタ
−15	−12	−9	−6	−3	−2	−1	1	2	3	6	9	12	15

表 C.4 各種物質のデータ（標準状態 298 K，101 kPa における値）

	分子量	$\rho/$ $(\mathrm{kg\ m^{-3}})$	$C_p/$ $(\mathrm{J\ K^{-1}\ mol^{-1}})$	$C_p/$ $(\mathrm{kJ\ K^{-1}\ kg^{-1}})$	熱容量比 γ
Ar	39.948	1.634	20.85	0.522	1.67
CH_4	16.042	0.657	35.81	2.232	1.30
CO_2	44.010	1.811	37.41	0.850	1.29
H_2	2.016	0.0824	28.86	14.317	1.40
H_2O（液体）	18.015	997.1	75.19	4.174	
He	4.003	0.163	20.80	5.197	1.66
N_2	28.013	1.146	29.14	1.040	1.40
NH_3	17.031	0.60	36.72	2.156	1.33
O_2	31.999	1.310	29.42	0.919	1.40
空気	28.97	1.184	29.15	1.006	1.40

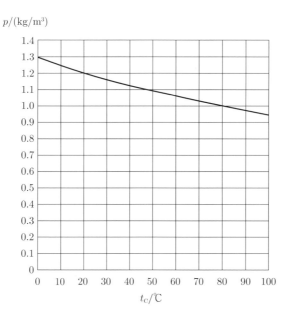

図 C.1 空気の密度

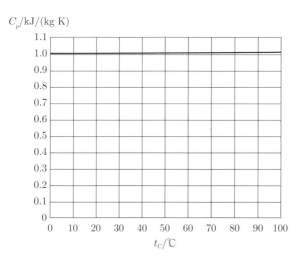

図 C.2 空気の比熱容量（単位質量基準の熱容量）

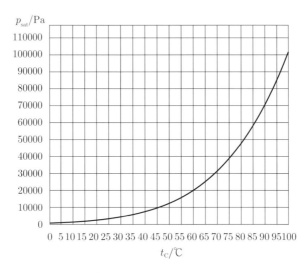

図 C.3(a)　水の飽和蒸気圧

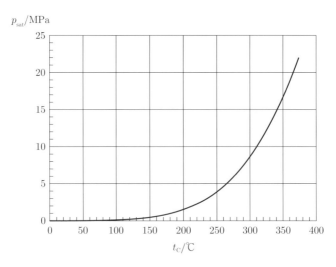

図 C.3(b)　水の飽和蒸気圧（臨界温度まで拡張）

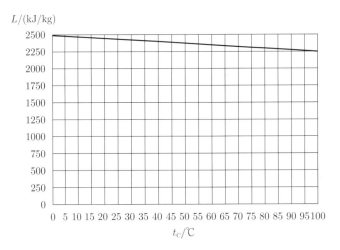

図 C.4 (a)　水の潜熱

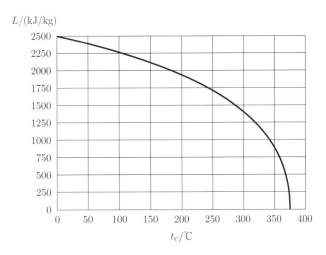

図 C.4 (b)　水の潜熱（臨界温度まで拡張）

章末問題略解

第1章

1.1 (1.1)

$$t_{\mathrm{F}} = \frac{9}{5}t_{\mathrm{C}} + 32$$

より，$t_{\mathrm{C}} = 0\,℃$ のとき $t_{\mathrm{F}} = 32\,℉$，$t_{\mathrm{C}} = 20\,℃$ のとき $t_{\mathrm{F}} = 68\,℉$，$t_{\mathrm{C}} = 40\,℃$ のとき $t_{\mathrm{F}} = 104\,℉$ となる.

1.2 水銀の密度を ρ，重力加速度の大きさを g，水銀柱の高さを Δh とすると

$$\rho g \Delta h = 13.5951 \times 10^3\,\mathrm{kg/m^3} \times 9.80665\,\mathrm{m/s^2} \times 0.76\,\mathrm{m}$$
$$= 1.01325 \times 10^5\,\mathrm{kg/(m\,s^2)} = 1.01325 \times 10^5\,\mathrm{Pa}$$

第2章

2.1 質量 $m = 26.11\,\mathrm{kg}$ のおもりが $\Delta h = 32.1\,\mathrm{m}$ 降下するときの位置エネルギーの減少は

$$mg\Delta h = 26.11\,\mathrm{kg} \times 9.81\,\mathrm{m/s^2} \times 32.1\,\mathrm{m} = 8222\,\mathrm{J}$$

である. 一方，水 $5.27\,\mathrm{kg}$ を $0.371\,\mathrm{K}$ 温度上昇させるのに必要な熱量は

$$1\,\mathrm{cal/(gK)} \times 5272\,\mathrm{g} \times 0.371\,\mathrm{K} = 1956\,\mathrm{cal}$$

である. よって $1956\,\mathrm{cal} = 1956x\,\mathrm{J} = 8222\,\mathrm{J}$ より

$$x = 8222/1956 = 4.20 \quad (= \mathrm{cal/J})$$

となり，本問題で一例としたデータの場合は (2.9) の値 4.18 に近いことが確認できる.

付記

華氏温度目盛に基づく英熱量 Btu が出てきたので，他の熱量単位 cal や J への換算

についての注意を喚起するため，一例を示しておきたい．

1 Btu は水 1 lb について温度を 1°F 上げるために必要な熱量と定義される．（ただし基準温度は種々の場合がある．）したがって，cal に換算する場合は，lb を g に，°F を°C に変換しなければならない．

まず，lb と g については，単純明解に

$$1\,\text{lb} = 453.6\,\text{g} \tag{1}$$

の換算である．単位は物理量を表すという SI の考え方に従うと，lb は 1 lb を意味するから，左辺の 1 は省略してもよい．ある物体の質量 m を lb で表した数値を m_{lb} で，g で表した数値を m_{g} とすると，

$$m = m_{\text{lb}}\,\text{lb} = m_{\text{g}}\,\text{g} \tag{2}$$

だから，(1) を代入すると，

$$m_{\text{lb}} \times 453.6\,\text{g} = m_{\text{g}}\,\text{g}$$

すなわち

$$453.6 \times m_{\text{lb}} = m_{\text{g}} \tag{3}$$

の関係があることがわかる．このように，大きな単位 (lb) で表した数値 (m_{lb}) は小さな単位 (g) で表した数値 (m_{g}) より小さくなる．同じ時間を分と秒，同じ長さを m と cm で表した数値の関係でよく経験することである．

温度の単位についても同じように考えることができる．°F と°C の目盛の読み（数値）間の関係式 (1.1) における t_{C} と t_{F} は上の m_{g} や m_{lb} に相当する．ただし，温度目盛の°C や°F は基準点が K とずれているので厳密な意味では単位ではないが，温度間隔の換算は普通の単位どうしのようにできる．そこで (1.1) から基準点のずれを除いた温度差の数値 Δt_{C} と Δt_{F} の関係だけを取り出すと

$$\Delta t_{\text{C}} = \frac{5}{9}\Delta t_{\text{F}} \tag{4}$$

である．これは (3) に相当する式である．これから (1) に相当する単位の換算式を得るには，まず，質量一般に対する (2) に相当する式を温度に対して書き下せばよい．というのは，(2) に (1) を代入して (3) が得られたが，逆に (2) に (3) を代入すれば (1) が得られるからである．

ある決まった温度差 $\Delta\theta$ に相当する摂氏目盛と華氏温度目盛の数値をそれぞれ Δt_{C}，Δt_{F} とすると，(2) に相当するのは

$$\Delta\theta = \Delta t_{\text{C}}\,°\text{C} = \Delta t_{\text{F}}\,°\text{F} \tag{5}$$

である．これに (4) を代入すると

$$\frac{5}{9}\Delta t_{\text{F}}\,°\text{C} = \Delta t_{\text{F}}\,°\text{F}$$

となるから

$$°F = \frac{5}{9}°C \tag{6}$$

であることがわかる.

上記より,

$$水の 1\,lb \times \Delta 1°F = 水の 453.6\,g \times (5/9)\,°C = 水の 252\,g\,°C \tag{7}$$

ゆえ,

$$1\,Btu = 252\,cal \tag{8}$$

であり, さらに (2.9) および ℃ と K も温度差については同じなので

$$1\,Btu = 252\,cal = 1.055\,kJ \tag{9}$$

となることが確認できる.

なお, この付記をあえて章末問題解答に続けて詳細に挿入した理由は, 温度の変換において, (4) はあくまでも (3) に類する形であるが, ともすれば (1) に類する形と勘違いしてしまう結果, 係数 (5/9) を逆にしてしまう間違いが発生しやすいと, 著者自身の経験から考えられるためである. 単位の換算は, 初歩的で簡単と思えることでありながら, 実際問題においてはたいへん重要なことであるので慎重に行おう.

第3章

3.1 気体の体積 V と摂氏温度目盛 t_C の関数関係式を a と b を定数として

$$V = at_C + b$$

とおくと, 題意より,

$$\frac{V_{100}}{V_0} = \frac{a \times 100 + b}{a \times 0 + b} = 1.3661 \quad となるので \quad a = 0.003661b$$

したがって, 体積が 0 となる摂氏温度は $0 = 0.003661b \times t_C + b$ より

$$t_C = -\frac{1}{0.003661} = -273.15\,°C$$

3.2 理想気体の状態方程式と普遍気体定数

$$pV = nRT \tag{3.6}$$
$$R = 8.314\,J/(mol\,K) \tag{3.7}$$

に代入することにより,

$$1.013 \times 10^5 \times V\,Pa\,m^3 = 1 \times 8.314 \times 273.15\,J$$
$$\therefore\ V = \frac{8.314 \times 273.15}{1.013 \times 10^5}\,\frac{J}{Pa} = 2.24 \times 10^{-2}\,m^3$$

3.3 状態 2 から状態 3 へは等温変化, 状態 3 から状態 1 へは定圧変化としか書かれていないが, 断熱線と等温線の傾きの違いを考慮して, 状態 3 から定圧変化で状態 1 に戻るためには, 状態 2 から状態 3 へは膨張変化であることがわかる. したがって, p-V 図は以下のようになる.

状態 1 から状態 2 の変化では $p_1 V_1^{\gamma} = p_2 V_2^{\gamma}$
状態 2 から状態 3 の変化では $p_2 V_2 = p_3 V_3 = p_1 V_3$
より $\dfrac{p_2}{p_1} = \left(\dfrac{V_1}{V_2}\right)^{\gamma} = \dfrac{V_3}{V_2}$, したがって $V_1^{\gamma} = V_2^{\gamma-1} V_3$ となる.

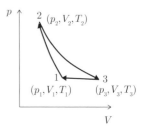

第4章

4.1 まず (4.13) より

$$\frac{V_4}{V_1} = \frac{V_3}{V_2} = \frac{V_{3'}}{V_{2'}}$$

の関係があるので,これら 3 辺の等式から

$$\frac{V_2}{V_1} = \frac{V_3}{V_4}, \quad \frac{V_{2'}}{V_1} = \frac{V_{3'}}{V_4}, \quad \frac{V_{2'}}{V_2} = \frac{V_{3'}}{V_3}$$

である.
　カルノー・サイクル C_A の仕事 W_A と C_B の仕事 W_B は,(4.14) よりそれぞれ

$$W_A = nR(T_H - T_L)\ln \frac{V_2}{V_1}, \; W_B = nR(T_H - T_L)\ln \frac{V_{2'}}{V_1}$$

であり,題意より

$$\ln \frac{V_{2'}}{V_1} = 2\ln \frac{V_2}{V_1}$$

ゆえ

$$\frac{V_{2'}}{V_1} = \left(\frac{V_2}{V_1}\right)^2 \quad \text{すなわち} \quad \frac{V_{2'}}{V_2} = \frac{V_2}{V_1}$$

となる.したがって

$$\frac{V_{2'}}{V_2} = \frac{V_{3'}}{V_3} = \frac{V_2}{V_1} = \frac{V_3}{V_4}$$

とすればよいことがわかる.
(定圧膨張によって仕事がなされる場合は,仕事量を倍数変化させるには単に体積も倍数変化させればよいが,カルノー・サイクルにおける仕事は等温膨張で圧力が変化するので,上記のような関係式を満たす必要がある.)

4.2 (4.15) から熱効率は

$$\eta_C = (T_H - T_L)/T_H = 1 - T_L/T_H$$

であるので,

$$T_H = 100\,\text{℃のとき} \quad \eta_C = (100 - 25)/(100 + 273.15) = 0.201$$

$$T_{\mathrm{H}} = 1000\,\text{℃のとき}\quad \eta_{\mathrm{C}} = (1000 - 25)/(1000 + 273.15) = 0.766$$

$$T_{\mathrm{H}} = 2000\,\text{℃のとき}\quad \eta_{\mathrm{C}} = (2000 - 25)/(2000 + 273.15) = 0.869$$

である．$T_{\mathrm{H}} = 100\,$℃程度の熱源で作動する熱機関の熱効率が最大でも 0.2 程度であり，ほとんど実用価値がないことが実感できるであろう．

第5章

5.1　理想気体の状態方程式

$$pV = nRT \tag{3.6}$$

が成り立ち，(5.36) より

$$dS = C_{\mathrm{V}}\frac{dp}{p} + C_p\frac{dV}{V}$$

だから，定積変化の場合のエントロピー増加は

$$\Delta S_{V\text{一定}} = \int_{T_1}^{T_2} dS = \int_{T_1}^{T_2} C_V\frac{dp}{p} = C_V \ln\frac{p_2}{p_1} = C_V \ln\frac{T_2}{T_1} \tag{1}$$

定圧変化の場合のエントロピー増加は

$$\Delta S_{p\text{一定}} = \int_{T_1}^{T_2} dS = \int_{T_1}^{T_2} C_p\frac{dV}{V} = C_p \ln\frac{V_2}{V_1} = C_p \ln\frac{T_2}{T_1} \tag{2}$$

したがって，(1) と (2) の比は，

$$\frac{\Delta S_{p\text{一定}}}{\Delta S_{V\text{一定}}} = \frac{C_p \ln\dfrac{T_2}{T_1}}{C_V \ln\dfrac{T_2}{T_1}} = \gamma$$

となる．

5.2　(5.36) より

$$dS = C_V\frac{dp}{p} + C_p\frac{dV}{V}$$

だから定積変化に対して，理想気体の状態方程式も考慮すると

$$dS = C_V\frac{dp}{p} = C_V\frac{d(nRT/V)}{nRT/V} = C_V\frac{dT}{T}\quad\text{ゆえ}\quad \left(\frac{\partial T}{\partial S}\right)_V = \frac{T}{C_V}$$

となる．定圧変化に対しても同様に

$$dS = C_p\frac{dV}{V} = C_p\frac{d(nRT/p)}{nRT/p} = C_p\frac{dT}{T}\quad\text{ゆえ}\quad \left(\frac{\partial T}{\partial S}\right)_p = \frac{T}{C_p}$$

となる.

5.3 p-V 図でも T-S 図でも，サイクルが囲む面積が仕事に等しいことに注意して，以下のような概略図が描ければよい．

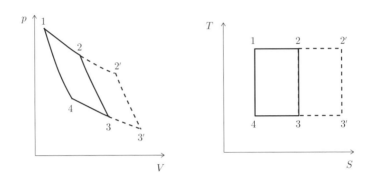

第6章

6.1   ヒントで与えた式に問題 5.2 で求めた

$$\left(\frac{\partial T}{\partial S}\right)_V = \frac{T}{C_V}$$

とマクスウェルの関係式 (6.28)

$$\left(\frac{\partial S}{\partial V}\right)_T = \left(\frac{\partial p}{\partial T}\right)_V$$

を代入し，最後に理想気体の状態方程式を用いると，非負の圧力と定積熱容量の前に負の符号がついた形になる．

$$\left(\frac{\partial T}{\partial V}\right)_S = -\left[\left(\frac{\partial S}{\partial V}\right)_T \Big/ \left(\frac{\partial S}{\partial T}\right)_V\right] = -\left(\frac{\partial T}{\partial S}\right)_V \left(\frac{\partial S}{\partial V}\right)_T = -\frac{T}{C_V}\left(\frac{\partial p}{\partial T}\right)_V$$

$$= -\frac{T}{C_V}\left(\frac{\partial}{\partial T}\frac{nRT}{V}\right)_V = -\frac{T}{C_V}\frac{nR}{V} = -\frac{p}{C_V} < 0$$

6.2   (6.11) より

$$\Delta F = F_2 - F_1 = \int_1^2 dF = -\int_1^2 p\,dV = -p_1 V_1 \ln\frac{V_2}{V_1} = p_1 V_1 \ln\frac{V_1}{V_2} \qquad (1)$$

一方，(6.15) より

$$\Delta G = G_2 - G_1 = \int_1^2 dG = \int_1^2 V \, dp = p_1 V_1 \ln \frac{p_2}{p_1} = p_1 V_1 \ln \frac{V_1}{V_2} \tag{2}$$

となる．(1) の積分は p-V 図で V 方向，(2) の積分は p-V 図で p 方向に行うが，いまの場合，p の変域は値が小さくなる方向であることに注意せよ．いずれの変化量も系がする仕事 W_{12} と絶対値が等しい．また熱 Q_{12} は T-S 図で灰色にした部分に相当し，仕事 W_{12} とも等しい．

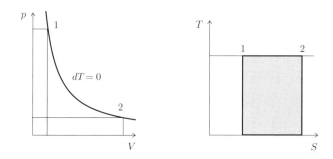

第7章

7.1 ファン・デル・ワールスの状態方程式を，p について表示した

$$p = \frac{RT}{(V - b)} - \frac{a}{V^2} \tag{1}$$

から出発してみよう．この全微分は

$$dp = \frac{R}{(V - b)} dT + \left[-\frac{RT}{(V - b)^2} + \frac{2a}{V^3} \right] dV \tag{2}$$

であるので，p を固定した偏微分を導くため，$dp = 0$ とおくと，

$$\left(\frac{\partial V}{\partial T} \right)_p = \frac{\dfrac{R}{(V - b)}}{\dfrac{RT}{(V - b)^2} - \dfrac{2a}{V^3}} = \frac{R(V - b)}{RT - \dfrac{2a}{V^3}(V - b)^2} \tag{3}$$

したがって

$$\mu_{\mathrm{JT}} = \frac{1}{C_p} \left[T \left(\frac{\partial V}{\partial T} \right)_p - V \right] = \frac{1}{C_p} \left[\frac{RT(V-b)}{RT - \frac{2a}{V^3}(V-b)^2} - V \right]$$

$$= \frac{1}{C_p} \left[\frac{\frac{2a}{RT} \left(1 - \frac{b}{V} \right)^2 - b}{1 - \frac{2a}{VRT} \left(1 - \frac{b}{V} \right)^2} \right] \tag{4}$$

なお，この表記の場合，$a/(pV^2) \ll 1$，$b/V \ll 1$ とすると

$$\mu_{\mathrm{JT}} \cong \frac{1}{C_p} \left(\frac{2a}{RT} - b \right) \tag{5}$$

と，ファン・デル・ワールスの状態方程式に導入した修正定数 a と b の間の直接的な関係式として近似できる．

[解答 2]

解法としては，むしろ以下のアプローチの方がストレートなので，先に思い浮かぶかもしれない．

$$\left(\frac{\partial V}{\partial T} \right)_p \tag{6}$$

を展開する際，ファン・デル・ワールスの状態方程式は，V について表示すると複雑なので，T について表示した

$$T = \frac{1}{R} \left(p + \frac{a}{V^2} \right) (V - b) \tag{7}$$

から出発し，偏微分の関係式 (3.13) から

$$\left(\frac{\partial V}{\partial T} \right)_p = 1 \Big/ \left(\frac{\partial T}{\partial V} \right)_p \tag{8}$$

を展開してみよう．すなわち

$$\left(\frac{\partial V}{\partial T} \right)_p = \frac{1}{\left(\frac{\partial T}{\partial V} \right)_p} = \frac{R}{\left[\frac{\partial}{\partial V} \left(p + \frac{a}{V^2} \right) (V - b) \right]_p}$$

$$= \frac{R}{\left[\frac{\partial}{\partial V} \left(pV - pb + \frac{a}{V} - \frac{ab}{V^2} \right) \right]_p}$$

$$= \frac{R}{p - \frac{a}{V^2} + \frac{2ab}{V^3}} = \frac{R}{p - \frac{a}{V^2} \left(1 - \frac{2b}{V} \right)} \tag{9}$$

より

$$\mu_{\mathrm{JT}} = \frac{1}{C_p}\left[\frac{RT}{p - \dfrac{a}{V^2}(1 - 2b/V)} - V\right] \tag{10}$$

ここで，(10) の 〔 〕内の分母は (1) を代入すると

$$p - \frac{a}{V^2}(1 - 2b/V) = \frac{RT}{(V-b)} - \frac{a}{V^2} - \frac{a}{V^2}(1 - 2b/V)$$
$$= \frac{RT}{(V-b)} - \frac{2a}{V^2}(1 - b/V) \tag{11}$$

ゆえ

$$\mu_{\mathrm{JT}} = \frac{1}{C_p}\left[\frac{RT}{\dfrac{RT}{(V-b)} - \dfrac{2a}{V^2}(1-b/V)} - V\right] = \frac{1}{C_p}\left[\frac{RT(V-b)}{RT - \dfrac{2a}{V}(1-b/V)^2} - V\right]$$

$$= \frac{1}{C_p}\left[\frac{V-b}{1 - \dfrac{2a}{VRT}(1-b/V)^2} - V\right] \tag{12}$$

となり (4) と同じ形になることがわかる.

第8章

8.1　(8.15) の両辺を入れ替えると

$$G(T, p, n) = n\mu \tag{1}$$

と表されるので，G の微小変化については

$$dG = n\,d\mu + \mu\,dn \tag{2}$$

となる. ここで，(8.10) と (2) は G の全微分の 2 つの異なる表現だから，両者は等しいとおくことで (8.61) が確認できる.

あとがき

　本文の全 8 章のうち 6 章の副題を「熱力学第 _ 法則」（アンダーバー (_) は 0, 1, 2) と表現した熱力学の入門書を，これで終わる．「まえがき」のところで強調したように，「決して打ち侵されることのない普遍性」があり「並外れた」法則に立脚する熱力学の基礎を，はたして間違いなく明確に伝えることができたであろうか？　読者からの忌憚ないコメントを待ちたい．

　兵頭俊夫東京大学名誉教授の監修のもと，「物理の第一歩」シリーズ関係者一同で 2016 年 7 月 16 日に東京大手町で決起集会を開いたときの興奮は忘れられない．ただし当時，著者は「熱力学：応用編（仮称）」担当予定だったので，2017 年 3 月兵頭氏が大阪に出張された際，個別に打ち合わせをしたときも「熱力学：基礎編（仮称）」が発行されてからと悠長に構えていた．ところが諸般の事情により，2019 年 1 月に「熱力学：基礎編」に担当変更となったことで状況が激変した．以後，著者の多忙も一因であるが，それ以上に記述の突破口を見いだせない産みの苦しみで七転八倒し，脱稿までに 4 年あまりを要した（とりわけカルノー・トムソン・クラウジウスを統一的に説明しようとした第 4 章は難産だった）．この間，新型コロナウイルス禍もあり，兵頭氏に直接お目にかかったことは一度もないが，大は基礎概念の解釈から小は文章中の文字単位や図表現の細部まで，900 通を越えるメールのやりとりに象徴されるように，当初予想もしなかったような徹底的な議論を重ねた．おかげで，著者の熱力学に対する理解も飛躍的に深まり，また本書も初稿とはまったく異なって，間違いがなくわかりやすくなるだけでなく，大いに深みを増した．とはいえ，本書で至らない点や不注意な間違いが残っていれば，それらは著者の責任であることは申すまでもない．

工学系に所属する著者は，以前から山本義隆氏の名著『熱学思想の史的展開1-3』（筑摩書房，2008-9）などでも勉強してきたものの，講義としては専ら機械工学で熱機関に主眼をおく工業熱力学を長年担当してきた．これに対し，一般学生を主な対象とする「物理の第一歩」のシリーズは，執筆者陣も著者を除いては理学系の方々で企画されており，工業熱力学の講義の経験しかない著者にはハードルが高いかもしれないと覚悟はしていた．案の定，このことは執筆開始直後に顕在化した．典型的かつ重要な例として，第2章で兵頭氏から受けたコメントを，工業熱力学教育の健全化のためにも紹介しよう．実は，工業熱力学では熱力学第1法則を，状態Aと状態Bの間での変化に対し

$$Q = U_B - U_A + W$$

のように，左辺に熱，右辺に内部エネルギーと仕事を表現する（たとえ初出箇所だけは内部エネルギーが左辺で熱と仕事が右辺でも，一瞬で内部エネルギーを右辺に移し，熱を左辺に移してしまう）教科書も少なくない．実際，著者自身そのような教科書のいくつかに馴染んできたこともあり，教室の学生にもそのように教えてきた．このおそらく工業熱力学特有の表記は「最初に熱ありき」で，その熱からいかにして仕事を取り出すかという視点がまずあるからだと思う．しかし兵頭氏からは，内部エネルギーを左辺に示さない第1法則の表記など考えられないというコメントを受けた．物理的に考えてみれば正にその通りであるが，機械系で特有の観念に染まってきた人間には気づくことができなかったのである．

井上ひさし氏の "むずかしいことをやさしく，やさしいことをふかく，……" という言葉を座右の銘にしているという点では，兵頭氏も著者も共通するところはあった．しかし，自分の文章は，まだまだその域に達していないことを，何度も思い知らされた．また，自分の理解が浅いところは不可避的に言葉足らずになり，逆に単に自分の思い込みや好みで余分なことを挿入したりしてしまう．兵頭氏からは，そのような文章の過不足に関するコメントに加え，レゲットさんの名解説 "Notes on the Writing of Scientific English for Japanese Physicists[74]"

[74) http://www.wattandedison.com/Prof_Leggett_Notes_on_the_Writing_of_Scientific_English.pdf

にある合流型でなく分岐型に徹底すべく文章の順番変更に関するコメントも多数いただいた．さらに，兵頭氏の「大学教育と教科書」[75] からも多くのことを学んだ．

一方，文章単位でなく章単位あるいは項目単位の記述順については，著者自身も以前から強く意識していることがあった．国内外に熱力学の名著は多く，本書執筆の参考にさせていただいたことには謝意を表するものの，それらの名著においても「なぜこのような章・節順や項目順で記述されるのか——多種の内容を網羅するハンドブックのように関連性がまったく途切れて理解しがたい」と感じてストレスになったことが少なくなかったのである．そこで本書では，「熱力学の第一歩」として必要最小限の項目だけを厳選した上で，記述順をとことん考え，本全体が合流型を最小限にして大筋としては分岐型になるよう（不可避的に遡る必要がある場合も最小限の逆流ですむよう）に努力した．結果的に，純物質の気体と液体だけを扱い，さらなる項目は他の専門書に譲ることにした．ただし，本書に記述した項目については，他の教科書を参考にすることなく本書だけで徹底して完結するように，努力したつもりである．したがって，本文中にわずかに記載した文献以外の参考書リストは省略した．

以上，兵頭俊夫氏との徹底した議論が反映されたのが本書であることを記すとともに同氏に深甚なる感謝を申し上げる次第である．また，2022 年 12 月のひとまずの脱稿後，本シリーズの著者間校閲で貴重なご意見をいただいた慶應義塾大学の下村裕氏と北里大学の十河清氏，そして発行に際してたいへんお世話になった共立出版株式会社の吉村修司氏と大越隆道氏にも謝意を表する次第である．さらに末筆ながら，著者が京都大学を 2021 年 3 月に定年となるまで，工学部物理工学科 2 回生（2 年生）向け前期「熱力学 1」・後期「熱力学 2」を受講した多くの学生（とりわけ新型コロナウイルスのために遠隔講義となってオンラインでの接点が増えた 2020 年度）諸君から，本書のベースとなったテキストに対して多くの貴重なコメントをいただいたことにも，謝意を表する次第である．

---

[75] https://www.ajup-net.com/web_ajup/048/48text.html

　最後に読者に向けて，もう一言だけつけ加えておきたいことがある．著者が本書の中で最も感銘深く記した 1 行は

表 4.1　第 1 法則と第 2 法則の 4 人の立役者
（いずれも 30 歳前後の仕事である．）

である．学問に限らず人類史上の重要なことの多くは，年長者から引き継がれた若者によって成し遂げられてきた．その思いが強かったので，これらの偉大な先駆者の肖像もできるだけ若い時代のものを選んだ．本書の読者の中でも，とりわけ若い方々に情熱と自信をもって熱力学の新たな地平を開拓していただくことを願って，結びとする．

2023 年 7 月

吉田英生

索　引

■ 英数記号

atm 8, 165
bar. 8
Btu 21, 171
cal 19, 165
℃ (摂氏温度目盛) 6
cm 8
dyn 8
℉ (華氏温度目盛) 6
ft 20
g 8
gr 20
HP, hp 20, 165
in 20
J (ジュール) 9, 19, 165
K (ケルビン) 7, 71
kg 14
lb 20
m 8, 9
mol 14, 27
N (ニュートン) 7, 9, 165
Pa (パスカル) 7, 165
p-T 図 141, 143
p-V 図 15, 74
s 8, 20
SI 5
torr 8
T-S 図 79
W (ワット) 20, 165

■ あ行

アインシュタイン v
圧縮 (収縮) 10
圧縮液 113
圧縮式熱機器 67
圧縮式ヒートポンプ 67
圧縮式冷凍機 67
圧力 2, 4, 7
アトキンス v
アボガドロ 27
アボガドロ数 27
アボガドロ定数 27
アボガドロの仮説 27
アモントン 24
安定状態 157
アンドリューズ 112

位置エネルギー 9
一様 3

運動エネルギー 9
運動量 9

永久機関, 第1種 45
永久機関, 第2種 46, 65
英熱量 21, 171
液相 2
液体 2
エネルギー 9
エネルギーの方程式 103
エネルギー変換 12
エネルギー利用 12

エンタルピー 33, 95
エントロピー 73, 79
エントロピー最大の原理...... 85, 105
エントロピー増加の原理...... 85, 105

オイラーの定理 136
オストワルド 65
オストワルドの原理 65
『覚書』 48
温度 1, 4, 5
温度目盛 5
オンネス 131

■ か行

外界 3
開放系（開いた系） 3
化学ポテンシャル 134
可逆 14
可逆過程 14
華氏温度目盛（℉） 6
過熱蒸気 113
過熱の状態 157
火力発電所 113
ガリレイ 8
カルノー・サイクル 51
カルノー，サディ 46
カルノー熱機関 51
カルノーの原理 49
カルノー，ラザール 51
過冷却の状態 157
カロリー 19, 165
乾き蒸気 113
乾き飽和蒸気 113
環境 3
換算圧力 127
換算温度 127
換算体積 127
完全微分 29
乾燥断熱減率 149

気相 2
気体 2
気体定数 27
気体反応の法則 26
ギブズ，ギブズ 93
ギブズの自由エネルギー . 97, 106, 129, 138
ギブズの相律 144
基本単位 5
基本場 151
逆転曲線 120
逆転サイクル 58
吸収式ヒートポンプ 67
吸収式冷凍機 67
給湯器 67
凝華 142
凝固 2, 109
凝縮 2, 109
巨視的（マクロ） 1
均質 3

空調機 58, 67
区分求積法 37
組立単位 7
クラウジウス 48
クラウジウスの関係式........... 77
クラウジウスの原理 55, 56
クラウジウスの不等式........... 78
クラペイロン 48
クラペイロン・クラウジウスの式 . 145

系 3
ゲイ＝リュサック 24
ゲイ＝リュサックの法則......... 26
ケルビン卿（トムソン） 7, 48
ケルビン・プランクの原理...... 57
原子力発電所 113
原子論 26
顕熱 112
原理 2

『考察』．．．．．．．．．．．．．．．．．48
効率．．．．．．．．．．．．．．．．46, 49
効率（暖房機能に注目する場合）．．．67
効率（冷房機能に注目する場合）．．．67
国際単位系．．．．．．．．．．．．．．．．5
固相．．．．．．．．．．．．．．．．．．．2
固体．．．．．．．．．．．．．．．．．．．2
孤立系．．．．．．．．．．．．．．．．．．3
混合物．．．．．．．．．．．．．．．．．．2

■ さ行
サイクル．．．．．．．．．．．．．．．．45
最高逆転温度．．．．．．．．．．．．121
作業物質．．．．．．．．．．．．．．．45
三重点．．．．．．．．．．．．71, 142
三相．．．．．．．．．．．．．．．．．．2
三態．．．．．．．．．．．．．．．．．．2

示強性．．．．．．．．．．．．．．．．．4
仕事．．．．．．．．．．．．1, 10, 12
仕事率．．．．．．．．．．．．11, 20
自然な独立変数．．．．．．．．．．．94
湿潤断熱減率．．．．．．．．．．．149
質点．．．．．．．．．．．．．．．．．9
湿り蒸気．．．．．．．．．．．．．113
シャルル．．．．．．．．．．．．．．24
シャルルの法則．．．．．．．．．．24
収縮（圧縮）．．．．．．．．．．2, 10
自由度．．．．．．．．．．．．．．143
自由膨張．．．．．．．．．．．．．．35
重力．．．．．．．．．．．．．．．．．2
重力加速度．．．．．．．．．．．．．8
ジュール．．．．．．．．．．16, 48
ジュール効果．．．．．．．．．．116
ジュール・トムソン係数．．．．．．120
ジュール・トムソン効果．．．．．．120
ジュール・トムソンの実験．．．．．116
ジュールの実験．．．．17, 18, 35, 115
準安定状態．．．．．．．．．．．157
準静的過程（変化）．．．．．．．．15

昇華．．．．．．．．．．．．．．．142
昇華曲線．．．．．．．．．．．．．142
蒸気．．．．．．．．．．．．．．．112
蒸気圧曲線．．．．．．．．．．．142
蒸気タービン．．．．．．．．．．113
状態．．．．．．．．．．．．．．．．1
状態方程式．．．．．．．．．．．．23
状態量．．．．．．．．．．．．．．．4
衝突．．．．．．．．．．．．．．．．9
蒸発．．．．．．．．．．．．2, 109
示量性．．．．．．．．．．．．．．．4
じわじわと．．．．．．．．．．．．14

性質．．．．．．．．．．．．．．．23
成分．．．．．．．．．．．．．．．．1
摂氏温度目盛（℃）．．．．．．．．6
絶対温度．．．．．．．．．．．．．69
セルシウス．．．．．．．．．．．．6
潜熱．．．．．．．．．．．．．．．112
全微分．．．．．．．．．．．．．．29

相平衡．．．．．．．．．．．．．128
相変化．．．．．．．．．．．2, 109
束縛エネルギー．．．．．．．．．．99

■ た行
対応状態の法則．．．．．．．．．127
対偶．．．．．．．．．．．．．．．58
体積．．．．．．．．．．．．．．．．4
体膨張率．．．．．．．．．．．．．34
断熱．．．．．．．．．．．．．．．16
断熱過程（変化）．．．．．．．．．41
断熱線．．．．．．．．．42, 76, 82

力．．．．．．．．．．．．．．．．9
超臨界．．．．．．．．．．．．．111

定（等）圧過程（変化）．．．31, 39
定（等）圧熱容量．．．．．．．．32
定（等）温過程（変化）．．．．．40
定（等）積過程（変化）．．．31, 38

定（等）積熱容量 31
電磁気学 147

等（定）エンタルピー過程（変化）.68
等（定）エントロピー過程（変化）.68
等温圧縮率 34
等（定）温過程（変化） 40
閉じた系（閉鎖系） 3
トムソン（ケルビン卿） 7, 48
トムソンの原理 55, 56
朝永振一郎 .14
トリチェリ 8
ドルトン 26

■ な行
内部エネルギー 9, 12, 36, 39

ニューコメン 20
ニュートン vi

熱 1, 11
熱エネルギー 12
熱機関 45
熱機器 67
熱源 3
熱素 16
熱的エネルギー 12
熱伝導 11
熱の仕事当量 17
熱平衡（平衡） 4, 104
熱放射 11
熱容量 13
熱容量比 37
熱浴 3
熱力学関数 97
熱力学第 0 法則 4
熱力学第 1 法則 12, 45, 48
熱力学第 2 法則 23, 46, 49
熱力学第 3 法則 85
熱力学的温度 26, 71
ネルンスト・プランクの定理 85

粘性 18

■ は行
倍数比例の法則 26
原島鮮 101
馬力 19, 165

非（不）可逆過程（変化） 15
微視的（ミクロ） 1
非弾性衝突 .9
ヒートポンプ 67
比熱容量 14
氷点 6
開いた系（開放系） 3

ファラデー 112
ファーレンハイト 6
ファン・デル・ワールス 123
ファン・デル・ワールスの状態方程式
　125
フェーン現象 149
不（非）可逆過程（変化） 15
物質 1
沸点 6
沸騰 110
普遍気体定数 27
プランク 57, 65

平衡（熱平衡） 4, 104
閉鎖系（閉じた系） 3
ヘスの法則 33
ヘルムホルツ 16
ヘルムホルツの自由エネルギー 96, 105
変化 1
偏微分 29

ボイラー 111
ボイル 23
ボイルの法則 23
膨張 2
飽和液 113

飽和液線 111
飽和曲線 112
飽和蒸気線 112
細矢治夫 142
保存則 9, 19
保存力 9
ポテンシャルエネルギー 10
ボルツマン 27
ボルツマン定数 27
ボールトン 20

■ ま行 _____
マイヤー 16
マイヤーの関係 37
マクスウェル 101
マクスウェルの関係式 101
マクスウェルの等面積の規則 129
マクロ（巨視的）. 1
マリオットの法則 23

ミクロ（微視的）. 1
密度 8

無次元数 88
無名数 88

■ や行 _____
ヤード・ポンド法 20
山本義隆 . . . . vi, 72, 182

融解 2, 109
融解曲線 142

■ ら行 _____
ラヴォアジェ 16
ラ・トゥール 112
ラプラス 123

力学 9
力学的エネルギー 9
理想気体 25, 35
理想気体温度 26
臨界点 111, 127

ル・シャトリエの原理 159
ルジャンドル変換 94
ルニョー 50

冷蔵庫 58, 67
冷凍サイクル 68
冷媒 67

■ わ行 _____
ワット 20

Memorandum

Memorandum

著者紹介

吉田英生（よしだ　ひでお）

1978 年 東京工業大学工学部機械物理工学科卒業．1980 年 東京工業大学大学院理工学研究科修士課程修了，1983 年 同博士課程修了．工学博士．
東京工業大学工学部助手，助教授，京都大学大学院工学研究科教授を経て，現在，京都大学名誉教授．

専門は熱工学・エネルギー工学である．2007–2018 年 International Journal of Heat and Mass Transfer 編集者．2014–2018 年 国際伝熱会議アセンブリー（The Assembly for International Heat Transfer Conferences, AIHTC）会長．2018 年 熱科学工学分野の国際ニュースレター "Thermal" 創刊編集者．2019–2020 年 熱物質輸送国際センター（The International Centre for Heat and Mass Transfer, ICHMT）理事会議長，2023 年より副会長．現在，日本機械学会名誉員．

著書に，『エクセルでできる熱流体のシミュレーション 第3版』（共著，丸善，2022），『エネルギー工学』（共著，日本機械学会，2021），『事例で学ぶ数学活用法』（共同編集，朝倉書店，2015），『熱交換器ハンドブック』（共同監修，省エネルギーセンター，2005）など．なお，山本義隆著『熱学思想の史的展開 2』（ちくま文芸文庫，2009）の第 18 章から第 20 章の英訳講演を第 16 回国際伝熱会議（2018）オープニングのフーリエレクチャーとして行った．その英訳論文は AIHTC のウェブサイト http://www.aihtc.org/fourier.html や，著者が管理運営しているウェブサイト http://www.wattandedison.com/thermal.html からダウンロード可能である．

物理の第一歩
― 自然のしくみを楽しむために ―

熱 力 学

First steps in physics for enjoying how nature works

Thermodynamics

2023 年 9 月 30 日　初版 1 刷発行

監　修　兵頭俊夫
著　者　吉田英生　ⓒ 2023

発行者　南條光章
発行所　**共立出版株式会社**
東京都文京区小日向 4-6-19
電話　03-3947-2511（代表）
郵便番号　112-0006
振替口座　00110-2-57035
www.kyoritsu-pub.co.jp

印　刷　藤原印刷
製　本　加藤製本

一般社団法人
自然科学書協会
会員

検印廃止
NDC 423
ISBN 978-4-320-03642-0

Printed in Japan